卷首语

谈到住区，总绕不开住区环境这一话题。环境作为住区的重要组成部分，日益为开发商和消费者所重视。景观设计也顺应市场需求以及消费者的审美观，不断地推陈出新，从北欧风情、东南亚风情、南美风情、澳洲风情到中式园林风格，各种风情犹如走马灯似的你方唱罢我登场。

住区环境的设计到底需要什么？住区最基本应是一个家园，并且是物质家园和精神家园的统一体。眼下流行的种种风情和主题是人们精神匮乏的一个表现，长期以来的积欠，使人们对自己的家园不满意。虽然当下的住区环境已经取得了长足的发展，对环境的重视程度也越来越高，但在我们不断努力的时候，还需要思考方向。

当然，我们不能否认风格对人们的影响，毕竟美丽而又有个性的环境能够取悦消费者。然而抛却这些繁华的表象，住区环境设计更应该注重一些本质的基础环节，比如：以人为本的细部设计、人们对住区环境的可参与性、环境的可持续发展等等。

《住区》针对当前住区环境出现的一些现象及问题，特别推出了"住区环境设计"的主题。众多学者、设计师从多角度剖析了住区环境设计的方方面面，通过详实的案例，向读者展示美丽的住区环境。

今年广东开平碉楼成功申报世界文化遗产，《住区》在"传统民居"这一栏目特别推出《开平碉楼》，带我们走进广东最美丽的地方，这一座座碉楼，不仅反映了侨乡人民艰苦奋斗、保家卫国的一段历史，同时也是活生生的近代建筑博物馆。

城脉建筑设计(深圳)有限公司是一个新锐的设计公司，近几年在全国各大城市承接了许多重要项目的建筑设计。"前卫而经典、激情而典雅"是城脉的设计哲学。《住区》在"本土设计"这一栏目特别推出城脉建筑设计(深圳)有限公司总裁毛晓冰访谈以及公司设计项目精选，以飨读者。

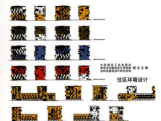

图书在版编目（CIP）数据

住区.2007年.第6期/《住区》编委会编.
—北京：中国建筑工业出版社，2007
ISBN 978-7-112-09681-7

Ⅰ.住… Ⅱ.住… Ⅲ.住宅-建筑设计-世界
Ⅳ.TU241

中国版本图书馆CIP数据核字（2007）第185325号

开本：965X1270毫米1/16　印张：7¹/₂
2007年12月第一版　2007年12月第一次印刷
定价：36.00元
ISBN 978-7-112-09681-7
　　　　　　　　　(16345)
中国建筑工业出版社出版、发行（北京西郊百万庄）
新华书店经销

利丰雅高印刷（深圳）有限公司制版
利丰雅高印刷（深圳）有限公司印刷
本社网址：http://www.cabp.com.cn
网上书店：http://www.china-building.com.cn
版权所有　翻印必究
如有印装质量问题，可寄本社退换
（邮政编码 100037）

目录

会议报道　　Conferences Report

04p. 2007年度《住区》编委会
　　　2007 Community Design Editor Board Meeting

07p. 2007社会住宅论坛
　　　2007 Social Housing Conference

主题报道　　Theme Report

11p. 作为公共家园的住区环境建设　　方晓风
　　　Community Environment Building as Public Homes　　Fang Xiaofeng

14p. 居住环境　　提尔·雷瓦德
　　　——每一天的生活空间　　Till Rehwaldt
　　　Housing Environment
　　　Everyday living space

24p. 小议景观建筑学中生态规划的发展　　吴翠平
　　　Ecological Planning in Landscape Architecture　　Wu Cuiping

28p. 住宅环境的水体设计　　彭应运
　　　Water Body Design in Housing Environment　　Peng Yingyun

32p. 从东湖公园设计与运行简述滨水景观设计　　胡晓冬
　　　Waterfront Landscape Design in East Lake Park　　Hu Xiaodong

40p. 挖掘人文内涵，打造宜居景观　　梁爽　王雪
　　　Humanity and Livable Environment　　Liang Shuang and Wang Xue

44p. 南海中轴线水广场　　俞沛雯
　　　——千灯湖，萦绕山水灵气的城市新客厅　　Yu Peiwen
　　　Axis water plaza in NanHai
　　　Thousand lantern lake, an urban living room

50p. 艺术的生活空间　　中海兴业(成都)发展有限公司
　　　——中海格林威治城景观设计概念　　COBD HOLDING (CHENGDU) CO. LTD.
　　　Artistic Living Space
　　　Greenwich City Landscape Design Concept

特别策划　　Special Topic

54p. 都灵2006奥运村规划与设计　　本雷多·卡米拉纳
　　　Torino 2006 Olympic Village　　Benedetto Camerana

本土设计　　Local Design

66p. 九年成城，百年承脉　　《住区》
　　　——城脉建筑设计(深圳)有限公司总裁毛晓冰访谈　　Community Design
　　　An Interview with Chief Director MAO Xiaobing, CITYMAEK AECOM CO.,LTD.

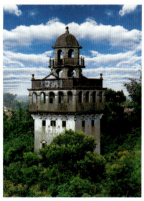

住区
COMMUNITY DESIGN

CONTENTS

70p. 深圳新世界豪园（硅谷别墅＋城市山谷） 　　城脉建筑设计（深圳）有限公司
　　　New World Luxury Garden in Shenzhen 　　CITYMAEK AECOM CO.,LTD.

76p. 无锡印象剑桥 　　城脉建筑设计（深圳）有限公司
　　　Impression Cambridge in Wuxi 　　CITYMAEK AECOM CO.,LTD.

82p. 深圳春华四季园 　　城脉建筑设计（深圳）有限公司
　　　Chunhua Seasonal Garden in Shenzhen 　　CITYMAEK AECOM CO.,LTD.

86p. 京基大梅沙喜来登酒店 　　城脉建筑设计（深圳）有限公司
　　　Sheraton Hotel in Da Mei Sha 　　CITYMAEK AECOM CO.,LTD.

92p. 深圳星河·丹堤 　　城脉建筑设计（深圳）有限公司
　　　Galaxy Dante in Shenzhen 　　CITYMAEK AECOM CO.,LTD.

96p. 星河世纪广场 　　城脉建筑设计（深圳）有限公司
　　　Galaxy Century Plaza 　　CITYMAEK AECOM CO.,LTD.

传统民居　　　　　　　　　　　　　　　　　Traditional Housing

100p. 开平碉楼 　　张国雄 樊炎冰
　　——中国近代农民的梦想与创造 　　Zhang Guoxiong and Fan Yanbing
　　Castle Housing in Kaiping
　　The dream and creation of modern Chinese farmers

住区调研　　　　　　　　　　　　　　　　　Community Survey

110p. 城市居住空间结构实证研究 　　张昊 梁庄
　　——以济南商埠、南京河西地区为例 　　Zhang Hao and Liang Zhuang
　　An Urban Living Spatial Structure Empirical Study
　　Cases in Jinan and Nanjing

资讯　　　　　　　　　　　　　　　　　　　News

118p. 2007全国设计伦理教育论坛在杭州举办
　　2007 National Design Ethics Education Forum in Hangzhou

119p. 杭州宣言
　　——关于设计伦理反思的倡议
　　Hangzhou Declaration
　　A statement on design ethics

封面：都灵2006奥运村立面图

联合主编：中国建筑工业出版社
　　　　　清华大学建筑设计研究院
　　　　　深圳市建筑设计研究总院
编委会顾问：宋春华 谢家瑾 聂梅生
　　　　　顾云昌
编委会主任：赵　晨
编委会副主任：庄惟敏 孟建民 张惠珍
编委：（按姓氏笔画为序）
　　万　钧 王朝晖 李永阳
　　伍　江 刘东卫 刘晓钟
　　刘燕辉 张　杰 张华纲
　　张　翼 季元振 陈一峰
　　陈燕萍 金笠铭 赵文凯
　　胡绍学 曹涵芬 董　卫
　　薛　峰 戴　静
名誉主编：胡绍学
主编：庄惟敏
副主编：张翼 叶青 薛峰
执行主编：戴　静
学术策划人：饶小军
责任编辑：雷磊 王潇
特约编辑：张学涛
美术编辑：付俊玲
摄影编辑：张勇
海外编辑：柳　敏（美国）
　　　　　张亚津（德国）
　　　　　何　崴（德国）
　　　　　孙菁芬（德国）
　　　　　叶晓健（日本）

2007年度《住区》编委会
2007 Community Design Editor Board Meeting

2007年11月23日15:00，2007年度《住区》编委会在清华大学建筑设计研究院报告厅隆重举行。

本次会议的与会者主要有《住区》编委会主任赵晨，中国建筑工业出版社社长兼党委书记王珮云，中国建筑工业出版社总编沈元勤，《住区》名誉主编、全国勘察设计大师胡绍学，《住区》主编、清华大学建筑设计研究院院长庄惟敏，《住区》副主编、深圳市建筑设计研究总院副院长叶青等，以及长期对《住区》给予关爱与支持的各主办单位的领导、专业院校与科研机构的专家学者及地产界的知名人士。

在即将过去的2007年中，《住区》立足地产界的风口浪尖，以专心致志的职业精神与细致敏锐的专业视角，为读者奉上了精心编辑的6期刊物。通过由季刊到双月刊的演进，以及特别策划等新栏目的增补，《住区》的时效性、学术性、权威性都得到了大力的推进，辅以"新住区论坛"等活动的成功策划与举办，《住区》的影响力得到了较大程度的加强，代表了业界不同的声音与取向，日益成为展示多元文化价值的平台。

会议由赵晨主持，他从《住区》在即将过去的1年中的主要变化出发，肯定了其取得的成绩，指明在各方参与者的共同努力下，《住区》在诸多方面都拥有了较显著的进步。其中最重要的因素当属编委队伍的扩充与增强。新增编委会顾问有中国房地产及住宅研究会副会长、建设部住房政策专家委员会副主任顾云昌，而深圳大学建筑与城规学院院长陈燕萍、金地集团总裁张华纲、中国城市规划设计研究院居住区规划设计研究中心副主任赵文凯及北京正华建筑设计事务所总经理李永阳则成为新增编委会委员。他们的加入使编委会的力量与构成得到了进一步的充实与完善。同时，编辑部新成员的介入，亦将令《住区》编辑工作的质量与效率得到可以预期的提高。

随后王珮云、叶青、胡绍学、陈燕萍等领导与专家分别发表了讲话。在对《住区》的壮大与发展感到喜悦的同时，表达了对刊物的殷切期望，并为之树立了应力争达到的远大目标。

《住区》的主编庄惟敏在会中对《住区》本年的编辑工作进行了详尽的总结，内容涵盖刊物专题与社会活动，梳理出一条明晰的递进脉络。同时，他也对刊物中的个别问题与瑕疵予以揭示，并表示希望在来年，通过大家的共同努力得以克服和改进，进一步提升、强化刊物自身的品质与特性，以赢得在该领域中的主导话语权。

最后各位与会人员对《住区》未来的发展展开了热烈的探讨，在版式设计、编辑水平、报道深度、内容辐射、推广渠道等方面献计献策，直言不讳、鞭辟入里的评析与建议令人感慨颇多。从中不难看出《住区》在诸位参与者心中的感召力与凝聚力，也使我们对身上肩负的责任与义务拥有了更深刻的认识与感受。

在发展的过程中驻足回顾并进行展望是事物进化的重要环节，2007年度《住区》编委会的成功召开便是一个契机。在接踵而至的2008年，《住区》的全体同仁将继续恪尽职守、奋力攀登、勇于开拓，尽力为读者打造国内一流的住宅规划设计类读物！

2007社会住宅论坛
2007 Social Housing Conference

2007年11月24日，《住区》杂志、清华大学建筑学院、中国城市规划学会居住区规划学术委员会联合主办的中国新住区论坛——2007社会住宅论坛在清华大学建筑学院王泽生报告厅隆重召开。参会人员有专家学者、政府、研究机构、规划部门、建筑设计单位、新闻媒体等，就"社会住宅"这一主题进行全方位的讨论及研究。

2007社会住宅论坛针对国内主要城市不断攀高的房价，中低收入家庭如何实现"居者有其屋"的问题，大会从经济、区域、人文、社会、项目开发、建筑设计等多角度展开分析讨论，通过社会住宅的设计研究以及中外案例的比较探讨，形成行业内的交流互动，为社会住宅的建设提供政策依据和理论指导，是关于社会住宅研讨的一次盛会。

建设部住宅与房地产业司副司长侯淅珉、中国建筑工业出版社社长兼党委书记王珮云、清华大学建筑学院党委书记边兰春、清华大学建筑设计研究院院长、《住区》主编庄惟敏发表了重要讲话并致辞。中国房地产开发集团理事长孟晓苏作了题为"用金融创新推动廉租房建设"的主题报告；国务院发展研究中心社会发展部副部长、研究员林家彬作了"政府住房保障的对象与方式"的主题报告；中国房地产及住宅研究会副会长、建设部住房政策专家委员会副主任顾云昌作了"健康楼市与和谐人居"的主题报告；中国科学院地理科学与资源研究所创新基地研究员高晓路作了"住房政策技术标准的策定及其运用"的主题报告；清华大学建筑学院教授周燕珉作了"我国廉租房建设设计研究"的主题报告；北京万科企业股份有限公司副总经理王欣作了"能力与责任——万科对中低收入人群住宅的关注"的主题报告；中国城市规划设计研究院居住区研究中心副主任赵文凯作了"关注住房保障中的市场规律"的主题报告；东南大学建筑学院教授、博士生导师、副院长董卫作了"政府与社会住宅发展导向：以北欧为例"的主题报告；清华大学建筑学院教授、住宅与社区研究所所长、博士生导师张杰作了"近现代城市发展脉络与中国住宅的现实选择"的主题报告。新浪地产作现场报道。

主题报告结束后，与会者就报告及当今社会住宅所出现的各方面问题进行了广泛而又热烈的讨论。通过这次论坛，使社会各界人士更进一步关注中低收入人群的居住问题；关注中国的住房保障体系；关注中国廉租房的建设；关注中国住房政策标准的制定等一系列问题，共同构筑健康的楼市与和谐的人居环境。

主题报道
Theme Report

住区环境设计
Community Landscape Design

- 方晓风：作为公共家园的住区环境建设
  Fang Xiaofeng: Community Environment Building as Public Homes
- 提尔·雷瓦德：居住环境
  ——每一天的生活空间
  Till Rehwaldt: Housing Environment – Everyday living space
- 吴翠平：小议景观建筑学中生态规划的发展
  Wu Cuiping: Ecological Planning in Landscape Architecture
- 彭应运：住宅环境的水体设计
  Peng Yingyun: Water Body Design in Housing Environment
- 胡晓冬：从东湖公园设计与运行简述滨水景观设计
  Hu Xiaodong: Waterfront Landscape Design in East Lake Park
- 梁 爽 王 雪：挖掘人文内涵，打造宜居景观
  Liang Shuang and Wang Xue: Humanity and Livable Environment
- 俞沛雯：南海中轴线水广场
  ——千灯湖，萦绕山水灵气的城市新客厅
  Yu Peiwen: Axis water plaza in NanHai Thousand lantern lake, an urban living room
- 中海兴业(成都)发展有限公司：艺术的生活空间
  ——中海格林威治城景观设计概念
  COBD HOLDING (CHENGDU) CO.,LTD.: Artistic Living Space Greenwich City Landscape Design Concept

作为公共家园的住区环境建设
Community Environment Building as Public Homes

方晓风 Fang Xiaofeng

[摘要] 评判了北京从20世纪五六十年代到现阶段的各类住宅环境建设，指出住区环境设计的种种乱象只是大问题在不同具体侧面的反映，提出住区环境具有公共性，希望有更多更好的强调生活精神价值的公共性城市家园出现。

[关键词] 平常心、住区环境、公共性、价值观、公共家园

Abstract: *The article critically examines the community environment development in Beijing from the 1950s to the present. It points out that the disarrays in community design are the results of a greater problem – the lacking of publicity in community environment. By increasing publicity, it anticipates the emergence of public homes giving priority to living qualities in psychical aspects.*

Keywords: *community environment, publicity, public homes*

对于曾经踩着泥泞小路回家的人来说，一条石板路就是巨大的进步；当柏油路成为生活的常态时，一条石板路又是一种安慰。物的形态折射着人的心境，在时间和空间的整体环境中显现。房地产开发使居住区建设的面貌发生了极大的变化，在住区环境的建设中，佐料加得越来越多，致使现在有人出来呼吁平常心。平常心能解决问题吗？在校园里种上稻子就有平常心了？平常心很可能成为一种做秀的姿态，因为设计也是一门生意。

北京是我目前生活的城市，这里住宅区的年代断层非常清晰，老的如四合院、20世纪50～60年代的家属院，新的有自20世纪80年代开始至今的各种类型的住宅区，包括房地产开发项目。不同年代的住区环境显现出不同的特质。四合院是私有化的空间，公共部分只有胡同，窄的胡同根本种不下树，只能是一条干净的通道，但各家院子里的树会冲破院墙的界限招摇到人们的视线中。这是中国传统文化中的灰调子，界限确实存在，但有模糊之处。及至四合院变成了大杂院，容身的需求远超过环境品质的要求，杂乱封闭在院墙后面，只有住的人甘苦自知，外面走过，只是有些破败。

20世纪五六十年代的家属院往往采取放大的院落格局，营造出单位内都是一家人的氛围，配套设施都在院内解决。院落作为单位内的公共空间发挥了积极作用，缺点可能就是私密性不太好，小脚侦缉队就是这种形态的产物。今天，走进这样的居住区，还能感受到那种大家庭的气氛。这种温情可能仍是今天住在商品房里的人们所渴望的，大院的缺点是缺乏随时代发展的弹性，是当时经济体制的直接反映，但这种家园模式的营造是符合中国人的心理需求的，问题在于家园的形成一定要依赖单位。当然，这种大院形态也可以视之为小农心理的变形，与城市的公共性结构存在相悖的地方。

20世纪80年代开始，我国逐渐进入了住宅建设的高峰期，经济高速增长，城市人口压力加剧，各种开发形式相继出现。首先是以单位为主体的建设，国家拨款或单位自筹资金，但土地是国家划拨的，在这个条件下，指标控

制是维持社会公平的手段，一般强调的是经济性和计划性。住区环境是按照底线需求来设计的，建筑师承担了设计任务，但就是在这个时期，我们看到了大量关于住宅区建设的学科探索和研究，主要集中在规划模式和住宅形态的研究上。这个时期的政府主导地位是明确而强势的，科研单位的介入往往具有一种超越功利的因素。记忆中，对于如何改良行列式布局，或者打破建筑的方盒子形象等问题有过广泛而深入的探讨，现在想来还是不无裨益。此时的住区环境主要强调日照和绿化率，倒是平常心。

也是从这个时期开始，城市住宅的社会化趋势渐渐明朗，像北京方庄这样的大规模住宅区的建设就是从20世纪80年代后期开始的。但是，政府主导的局面随着人口和发展压力的持续增长慢慢让位于开发商为主体的商业主导局面。政府放下了这个担子，起初是集资建房，随着房地产政策的成熟和清晰，现在基本上完全是商业企业来开发。即使是经济适用房，也是政府委托开发企业来进行。宏观上看，住房商品化种下了眼下种种弊端的种子。社会化是否只有商品化这一条路可以走，是值得思考的一个基本问题，住区环境设计的种种乱象只是大问题在不同具体侧面的反映。

一旦进入商业开发阶段，住宅成为商品，那么种种商品的属性就附着其上，包装策略也成为一个组成部分。笔者也曾参与过一些房地产开发项目的策划和设计，对开发商而言，商品首先需要满足的条件就是能卖，追求卖点是他们的天性。而对于消费者而言，在住房需求被压抑了几十年之后，一旦放开，只要能力许可，释放压力的非理性冲动也是不言而喻的。中国的住房政策调整和商品房市场开发是伴随着国家整体改革和开放政策一起进行的，消费者包括开发商在这个时期的最大兴奋点是向发达国家看齐。国门也相对开放了，走出去越来越不是难事，旅游也罢、考察也罢、学习也罢，总之是出去了，看见了，羡慕了，回来就赶紧复制。这种复制的冲动和行动也不仅仅局限于住区环境的建设和设计上，事实上渗透到了社会的各个层面和角落。于是，各种异国风情来了，欧陆风只是其中较为显著的一个个案，笔者曾参与过北京的一个项目，设计师的目标是要营造出加勒比海的风情，其中的虚妄不言而喻，但类似的提案时至今日还是会不断进入我们的视线。广告很容易，一幅加勒比海海滩的照片，俊男美女手拿饮料坐在白色的躺椅上，椰树恣意伸展着，加上广告词："入住×××，坐拥加勒比"。落到实处，设计师也会有些招数，水池拿蓝色面砖铺砌，池边放几把白色躺椅，椰树不行只能弄棵假的，或者索性是不锈钢的，后现代了，谁还管这些。建筑么，也是来点轻巧的，飘窗是常用手段，还不算面积。如此这般，搞个实景拍摄也不成问题，一点都不能说是虚假宣传。设计师甚至能在行业内赢得一点小名声，设计技巧如此高超。会宣传的人还可以加上一条，你不仅能欣赏到加勒比海的夏天，这里还能让你体验加勒比海都无法体验的冬季加勒比是什么样子。整个项目顺利的话，甚至能吸引加勒比原住民来旅游，因为这里还有超越加勒比海的地方。

在追求卖点的努力中，还有一种做法是所谓"主题性"景观设计，恨不得把整个小区做成主题性乐园。笔者也遇到过这样的项目，这其实是商业操作的误区，把不同类型的商品混淆了，旅游项目强调体验，并且是短时间的体验，新鲜感是占首位的，而居住区则是人们长期生活的地方，天天面对同一个主题，时间长了会心理崩溃。主题性乐园的确有不少在商业上是成功的，但这种成功经验不能直接搬到居住区来。好在笔者遇到的开发商听取了这个意见，没有刻意在主题性方面继续动脑筋。居住区内的主题性设计只能是点到为止的，这种设计上的分寸恐怕不是靠文字三言两语能说清的。

但是现实中，异国风情（也包括地域风情，北方的模仿南方，内陆的模仿沿海）、主题性设计仍然是我们习见的现象。归根结底，目前的商品房市场中有相当一部分买家并非自住购房，业主购房不是为了居住，是为了投资升值再转卖。如此心理之下，作为购房者，他也是出于商业目的在进行选择，某种程度上他就会和开发商取得心理上的契合，住宅作为商品的属性得到最大化的体现。对于投资客来说，有卖点的房子比没有卖点的房子更容易流通，毕竟目前的消费市场还很难说是成熟，消费者的心态也还没有稳定下来。中国在住宅建筑和环境上不断翻花样的劲头在其他国家是罕见的。不久前，笔者去山东，同行的有当地的设计师，遇到一个项目是牛津小镇。设计师的夫人感叹到"这辈子住在这样的环境里，就知足了"，设计师只是说这里太远了。实事求是地评价，项目还是做得很精心的，模仿得一丝不苟，视觉上没有问题，但夫人住进去是否就一定知足，殊可怀疑。我想，设计师是心里有点数的，所以他没有呼应夫人的冲动。以目前我国的经济基础，模仿个把小镇甚至小城都是没有问题的，难道要把整个国家变成世界公园吗？牛津小镇不错，西班牙小镇也不错，同里、周庄也有风情，佛罗伦萨更好，还有米兰、纽约、东京。以后，全世界的建筑系学生都可以到中国来学习，因为这里走一圈基本上就等于学了一遍建筑风格史，路线组织得好的话，完全可以串出一条时间线来。

这个逻辑继续发展下去是有点滑稽而可怕的，但现实中这个逻辑并没有中止。近日，网上有人写博客，言"住宅从来就不是商品"。我看了之后是很有响应的，住宅是一项公共事业，它可以被买卖，但不能完全以商品的眼光来看待，否则我们的城市会变得十分狰狞。现在有不少开发商用"villa"一词来做广告，凸显其产品的意大利风情。探究一下villa倒是有点启发的，villa专指古代意大利贵族的乡间住宅，也有人翻译成别墅，villa的兴起同意大利当时的城市制度有关。那时规定，无论一个人的财富有多少，在城里盖房不能超过一定的规模，因为城市是公共的，其资源也是公共的，包括空间资源。你有钱，不满足，可以到自己的乡间领地上去盖房子，那里的土地是你的，愿意盖多大都行。因此，即使今天的人们到意大利的一些城市去旅游，也可看到他们的老住宅没有显示出剧烈的贫富差距，城市的性格是相对平和的。这个规定所蕴含的精神是颇为值得我们今天思考和借鉴的。住房供给必须作为一项公共政策得到政府的重视和主导，商人在利益最大化的驱使下可能做出伤害一个城市的决策。我们完全可以想像，一个富翁，以他的财富有能力买下整个北京中关村地区的住宅，他可以不卖这些房子，也不出租，空置在那里，这种空置有利于制造这个地区房价的上涨。这种行为实际上同股市坐庄是异曲同工，但在现行的法律框架里，他的行为是合法的。如果真有人这么做的话，对这个城市的伤害有多大，恐怕都难以想像。在房价迅速上涨的今天，已经有开发商捂盘惜售了，难道不值得我们警惕吗？

单纯的商业化开发住宅，其弊端在近来越来越显露了出来，对策可能还需要探讨，但问题已经不容忽视。另外一个可成对照的例子是美国某市，其市长自执政以来一直推行平抑房价的政策，并且着力开发市中心的住宅。他的理由是，希望这座城市能够吸引年轻人来居住、奋斗，因为年轻人是创造未来的生力军，而年轻人不可能承担高房价。而居住在市中心是社会成本较低的选择，能真正提高整座城市的工作效率。可以看到，不同的选择背后实际是不同的价值观在指引。北漂一族曾经是北京发展的重要力量，但现在年轻人要漂在北京可能越来越难了。现在可能富商或官员的子女更容易留在北京，但不同背景的年轻人群，他们的价值创造方向是不同的。而经济门槛的提高，从根本上看也有违社会公平的原则。

让我们再回到微观一点的问题上来，住区环境的设计到底需要什么？如果我们认同住区的非完全商品属性，住区最基本应是一个家园，并且是物质家园和精神家园的统一体，这是对家园的普遍认识。眼下流行的种种风情和主题的确是人们精神上匮乏的一个表现，长期以来的积欠，使人们对自己的家园不满意。虽然当下的住区环境已经取得了长足的发展，对环境的重视程度也越来越高，专业的细分更强化了这种趋势，但在我们不断努力的时候，还需要思考方向问题。最终，这是一个价值观的问题。审美问题在论及到审美标准的时候，必须触及价值观的问题。

一般认为住区环境是居住建筑在环境中的延伸，是建筑与自然或更大尺度环境之间的过渡环节。住区环境的审美事实上就是我们对于家园认知的具体化，现代都市人居住的大多是集合式住宅，每户人家除了在室内可以有限度地掌控之外，对于家园的建设是无能为力的。而所谓家园，传统上就不仅仅是建筑或建筑内部，家园意味着一片天地。从这个意义上说，住区环境甚至具有了比住区建筑更为重要的意义，当然建筑也是整个环境的重要组成。以笔者个人的理解，住区建筑满足了居民的物质需求，而住区环境往往需要承担在精神层面的需求。我们很难想像家园是分裂的，物质的家园同精神的家园不相呼应。但现在的设计分工和设计流程却的确在制造这种分裂。朴素的板楼围合起来的小区，在绿地中间是一条拙劣的仿罗马式的拱廊，居民们直呼还是老老实实种几棵树对大家都好。专业分工过细的社会有时会制造出这种让人精神分裂的社区现实。关键是我们的社会在今天缺乏一个共同的价值观，价值观的缺失造成了行为的分裂。古话说，君子和而不同，和的是价值观，不同的是各人的表述或行为表征，如此才能营造出和谐社会。

从更为理想的角度来说，应该先有整体环境的认识，才能具体实施建筑、场地和景观设计，这也是有人呼吁景观先行的一个出发点，但仅仅是景观先行显然也不解决问题，真正先行的应该是我们对于家园的整体构想。我们对家园的渴望不只是一个物质的躯壳，无论是建筑的还是景观的，最终家园是我们内心理想生活方式的一种物化显现。在强调等级的社会秩序中，人人希望成为贵族，欧陆风、大宅风便甚嚣尘上，把宫殿分成一个个单元，于是一个小区造就了成百上千的贵族。在我们认为理想生活方式就是休闲的时候，加勒比海这样的地方可以弥合我们的想像空间；在我们认为城市就是商业机器的时候，我们会认可在住宅区里办公或做点小生意；在小镇成为旅游热点时，马上造个小镇。我们以经过我们歪曲的西方图像来建造我们的现实，实现物理的图像并不困难，可实际的生活呢？这个问题是必须要严肃面对的。

此处最终涉及到了我们今天普遍缺乏的伦理观念，或者说设计的价值观，我们如何来认定一个设计的优劣。以住区景观设计为例，我们认可在北京做出一个加勒比海这样的设计吗？如果仅以设计成果的美观程度来评价，这可以是一个好的设计。但从一种可取的价值观的角度来思考，这是一个拙劣的设计。也有人谈论美学与伦理学的冲突，认为不能以伦理标准取代审美标准，但我更倾向于认可审美与伦理的同一性，因为两者都事关价值观。而对于现在的住区环境建设来说，还有一个重要属性，即公共性。这个家园不是个人的，是公共的，因此伦理观念的进入就更具备了必要性。伦理的核心问题即是人与人的关系问题，在一个公共的家园里，无法回避人与人的关系。

问题的解决似乎是困难的，查尔斯·詹克斯在《后现代建筑语言》中以现代城市中的大型现代旅馆为例，描述了建筑是如何"按不露面的开发者的利益，为不露面的所有者，不露面的使用者建造的"，只能假设"这些使用人的口味与陈词滥调等同"。旅游者等于一支庞大的入侵军队，建筑为了短暂的体验而设计，给城市以极大的冲击。中产阶级的口味成了大资本谋取利益的工具，如何来抵御这种陈词滥调呢？同样的情况似乎也适用于当下的住区建设，如果以商品的眼光视之，开发者是隐形的，所有者是隐形的，使用者也是隐形的，住区是按照一个假想的目标人群来设计的（有时也并不假想，开发商或设计师直接把自己的想像变成大家的现实），体验式设计或许是一个好的选择，对于刺激消费来说，强调体验是个法宝。甚至有人提倡像换车一样，规划人生阶段性地换房，道理未尝没有，但完全忽视了住宅作为家园的特殊性。生活不是短暂的体验，生活是一种常态的奋斗。生活不是在一个物质的空间里度过时光，我们的精神显现其中。因此，所谓公共的家园必须具备公共的精神，一种有说服力的价值观。塑造或确立这样的价值观可能是当下最急迫的要务。

海德格尔希望人类诗意地栖居在大地上，强调了人与大地之间的依恋，这是家园的本质和核心价值。如何体现和实现这种依恋或许是今天的设计师们需要认真思考的问题。现实并非漆黑一片，过去和现在都有好的家园存在，未来也会有，但我们希望有更多好的家园出现，一种强调生活的精神价值的公共性的城市家园。我在日常生活中总是要走过一些老的居民小区，长了几十年的大树在楼间恣意伸展，绿意葱茏浓郁，不好吗？在炫耀性的商业心理指引下，设计师往往也倾向炫耀自己的才能，在环境设计中置入过多的限定因素，实际上干涉了居民对日常生活的自由选择。质朴而自由的住区环境才能容纳并生成一个人群的精神，精神不是通过设计师设计出来的。

设计总是在宣示价值观，这是设计师不可回避的现实，无论自觉还是不自觉都是如此，伦理思考应该成为设计师进行设计的一个必由过程。人创造了环境，反过来，环境也能塑造人。在没有能力的时候，我们压抑自己的想像，而一旦能力降临，想像的触角即四处摸索。经过了近三十年的飞速建设，我们到了审视自己家园的时候。

注释

1.[英]查尔斯·詹克斯著，《后现代建筑语言》，P6~8，中国建筑工业出版社，1988

作者单位：清华大学美术学院

居住环境
——每一天的生活空间
Housing Environment everyday living space

提尔·雷瓦德 Till Rehwaldt

[摘要] 对居住环境的开放空间进行了详细介绍，结合两个实例，详细说明如何针对不同的需求，设计不同的生活空间。

[关键词] 开放空间、私人空间、半开放空间、公共开放空间

Abstract: The article gives detailed account of open space in housing environment. Demonstrated by two real examples, it illustrates how living spaces are designed according to different needs of residents.

Keywords: open space, private space, semi-open space, public open space

开放空间的塑造是当前景观建筑的重要工作领域之一。通常，开放空间质量的衡量标准与建筑物质量的衡量标准是不同的。开放空间往往影响到一个居住区内居民的生活质量，很多时候，这些空间甚至指的是建造宽敞的房间，或者扩大自家的房屋。

在考虑当前要求——即对功能方面与艺术方面都具有高品质的居住环境的要求——的同时，必须首先把注意力集中在城市建设类型上。建筑类型从根本上决定了开放空间的潜力。例如相对于4层或5层的联排建筑，高密度多层居住区的空间环境在使用中显得大不相同，而由别墅组成的住宅区又有不同。

开放空间的功能性与艺术性首先是由居住区的城市建设空间特点决定的。在社会中，主要根据私密程度区分了不同的城市建设类型。如果从这一角度来看待居住环境的特点，按照古典空间理论的惯例，有私人开放空间、半开放空间和公共开放空间这几个范畴。

私人开放空间

私人开放空间的发展与相应的居住形式有关。别墅或联排住宅由一座花园围绕着的。这种被遮蔽的开放空间具有高度的私密性。从住宅中出来就可以直接到达花园。在这种花园中可以免受外界的影响，尤其可以避免不速之客的目光。在这里，人们可以充分享受家庭的气氛而不被外界打扰。

这种特点也可以在集合式住宅楼的底层局部实现。只不过无法完全遮蔽，因为多层住宅中的居民总是有视线干扰。

私人开放空间中独具匠心的花园常常是它的特点。设施与植物反映着主人的喜好，同时也因此而散发着个人独特的气氛。

半开放空间

半开放空间这种空间类型主要常见于多层住宅。由于多层住宅的户数相对于土地面积显得过多，因此不可能为每户都配备一座花园。这种共享决定了此类开放空间的特点——在多种多样的需求、道路关系和其他方面的基础

上，开放空间将以其各种元素呈现出多功能性。

由于这里私密程度的降低，居民不会对他们的周围环境产生强烈的私人感，而是会发展为某种"内心距离感"。他们与私人住宅的所有者不同，因为他们通常不用亲自照料住宅周围的绿地，而是由物业负责，并且他们从来都无法独自享用开放场地，而总是要与他人分享。

半开放空间的一个根本性特点就是社会监督。在众目睽睽之下损坏植物或公共设施、弄脏墙壁或地面时，人们心理的顾虑往往大得多。

公共开放空间

公共开放空间是一种常用的空间类型，通常出现在拥挤的市中心位置上的高密度城市居住区中，这种住房建筑类型的开放空间是完全开放的，不仅本居住区居民可以使用这里的开放空间，路过的行人同样可以来到这里。鉴于这种高强度的使用情况，就必须在场地的设计过程中重视其功能性，在建造时注重其坚固耐用性。居住区内部交通用地面积的比例——包括机动车以及行人——较高，所以无法营造出共享气氛，更不用说私人气氛了。这里居民的社会监督力度较小，因此必须注重选材及公共设施的坚固性和耐用性。

地点

除了对功能性和空间营造最具影响力的空间类型，其他空间特点也起着一定的作用。像景观建筑的所有其他领域一样，设计不仅要遵守各种条件要求，在很大程度上还要以地点为依据。与此同时，首先要考虑的还有城市建设方案、空间比例以及可供使用的绿地。此外，气候因素与人文环境也会起作用。不同的地方环境，尤其是植物将对开放空间的特点形成重要影响。

空间划分

什么是空间划分？这是景观建筑中十分重要的问题，与两个认识层面相关：城市建设空间和原本的开放空间（绿化空间、公园）。

很大程度上周围建筑物轮廓所决定的城市建设空间是居住区的主导性组织框架。建筑物的位置决定了开放空间的大小和环境。例如一层区域需要考虑场地中的入口、阶梯与其他固定元素的设置。

设计中的疏忽与失误将对开放空间质量产生直接影响。所以，景观建筑师在起始阶段就对未来居住区的结构达成一致意见这一点具有决定性意义。

为了进一步区分城市建设空间，首先要在开放空间中种植高大的树木。树木组合、排列或林荫路的设置形成了一级空间并且与建筑物形成呼应。大型树木的作用是赋予开放空间一种结构和气氛。它们可以起到遮挡、隐藏的作用，同时还可以创造重要的视觉关系。只有当处于视线高度的空间尽可能保持开放时，这些植物元素的重要特征才能发挥作用。

而高度在1.5m的植物应谨慎使用，以确保整个空间的连贯性和流畅性不被打乱。植物不适宜作为城市建设空间的主宰性因素，但它们可以组成关键的重点并构筑二级空间。栽有一人高绿篱、用以遮挡邻居视线的古典"花园"在这里是不合适的，尤其是在居住环境以多种功能来使用的今天。因此，适合空间连续性的做法是在树下种植一大片起伏着的宽阔草地，它既能满足空间的需要，又能满足多种多样的使用需要，同时还有利于居住区内的社会监督。

道路与广场

功能型道路在居住区中扮演着重要角色。它们有机地与居住区出入口相连。道路怡人且经久耐用的表面使它成为了开放空间系统中的服务性元素。

使用强度越高，必要的连接越多样化，就需要越多的路。无论何时，如果道路网越来越稠密（主要是在高密度空间）就到了该在场地内设置道路节点的时候了。因此我们不但要保证道路的数量，而且首先还要保证质量。道路预先确定了去向、限制了活动，而在广场上，人们可以有多样的活动，如见面、停留、玩耍或跳舞。孩子们要打球，老年人要聊天。只有宽阔的空地和广场才能满足这些多种多样的需要。

就此而言，广场也是居住区内重要的交流地带，大家可以不受约束地共同使用它。

入口

建筑的入口地带对居民来说是重要的识别空间。要想从一连串正面看来基本相同的建筑中找到自己的家，重要的是要对入口作特别的设计。为此，开放空间设计可以发挥重要作用。

首先，建筑入口也是一个功能性空间。在这里汇合了道路和居民，所以这里必须为人们小小的汇合与短暂的交谈安排一个空间，而且还需要有一个供自行车和儿童车至少短时间停放的地方。

建筑入口前的空间也是住房附近的"活动空间"，不一定必须有沙坑或者某些设施，小朋友们可以安全地在家长的视线范围内。因此，建筑入口处自然而然地就形成了一个像小广场一样的特别的地方，设在边缘处的长椅赋予这片空间以交流的氛围。

为了使这片地带独具特色，要善于利用植物。每个入口处的一棵小乔木或大灌木都不相同，可以起到识别身份的作用，而且或许会成为一个从远处就可以辨别的标志：到了那儿我就到家了！

伯格豪森城市公园——住区公园

中央草坪

2004年，在伯格豪森（德国巴伐利亚州）"新城"的中心，在各种各样城市建设类型居住区的围绕之中，一座为所有城区居民而设的大型公园拔地而起。这座新的开放空间就仿佛是每座住宅的一个附加房间，城市中的一个"绿色沙龙"。这一想法的实现靠的是公园中央的大片宽阔草坪。中央草坪是一片平坦的开阔地，功能十分多样，在草坪上可以打球、举行活动或者只是野餐、放松。其宏大的空间构建支撑了要建立城市中的一个新中心、新身份识别空间的目标（图1）。

1

1. 公园总平面图
2. 雾园
3. 梓树及树干上的喷头
4. 水广场
5. 木甲板

花园

与中央草坪相反，侧面的花园被划分为一个又一个小部分。它们是建筑物与公园之间的过渡，同时也是相对封闭的空间。从这里，人们可以观察公园中游人的活动，而自己却不会被别人看到。

边缘地带的植物比中心区的植物更加多样、更加密集。这里是专门为热爱大自然、热爱园艺的人准备的好去处。多样性并不意味着随意性：整齐划一的鹅耳枥树篱一方面将各个花园主题区分开来，另一方面作为一种总体设计标识起联结作用。通过一条道路将所有花园彼此联系在一起，而无需穿越公园中的大片草地。

一个特别的亮点就是"雾园"。这里表现了"城市转变"中的地方景观主题。曾经在伯格豪森地区经常出现的大雾是我们产生这一设计理念的动因，密集种植的梓树以其宽大树叶组成的树屋顶营造出一种凉爽、绿树成荫的环境，固定在树干上的小喷头可以制造出一层薄雾，从而犹如为树冠蒙上了一层轻轻的面纱（图2～3）。

在紧挨雾园、直接与伯格豪森新城的市中心相邻的地方，开辟了一条通往公园的走廊。这里的"水广场"用大片场地表现了流经伯格豪森的萨尔查赫河这一主题，石质场地上时涨时落的水位象征着河水流动、干旱期和洪水，水面之上的木甲板加强了给人留下的印象，露天宽阶梯充当了伯格豪森与公园之间的纽带（图4～5）。

通向公园的开放通道将坚硬冰冷的石头与生机盎然的绿色空间联系在一起，从这里远远望去，可以看到绿油油的草地。

6. 露天广场上的长椅
7. 露天广场
8. 花丛林
9. 游戏山
10. 绿化带
11. 夹心园

露天广场

露天广场，一个能够举行各种活动的场地，是这座公园的主要组成部分。每年的民族节日、博览会、每周集市和各种小型活动都在这里举行。为了达到划分场地的效果，地面由沥青和卵石交替铺设而成。在举行较大型活动时，紧邻的大片公园草地也可以作为配套使用场地。

被修剪为伞状的树屋顶为人们提供了树荫，同时还连接了露天广场与草地。坚固耐用的长椅为人们提供了坐下来休息的机会，也可以保护树干，避免车辆掉头时损伤树木（图6~7）。

宽阔道路的排水是通过相邻场地的地下渗滤系统实现的，这也有助于推动城市的生态发展，同时，利用这种技术还可以节省排放雨水的费用。

花丛林

在一片高层居住区前栽种一片由樱桃树组成的"花丛林"，目的是利用一个宏大的树木主题将城市建设结构与公园空间联系在一起。而且这些树木作为人们喜闻乐见的元素将50年高龄的建筑物正面巧妙地遮挡了起来，要知道，这些老建筑物的外观无论从设计上还是从技术上来看都已不再能够满足社会的需要了（图8）。

这座居住区的入口部分得到了完全的改建，取消了之前的阶梯，增加了长椅和自行车停车架。首先，无障碍设计顺应了目前的人口发展趋势，在这一居住区内，居住着越来越多的老年人，鉴于他们行动能力有限，所以应当把所有的道路都设计为无障碍道路，方便老年人使用。

游戏山

为了把改善家庭生活质量放在第一位，并以此使居住区变得对年轻人更加具有吸引力，在对公园的设计当中，独特的游戏设施受到了重视。于是乎产生了"游戏山"想法。有了"游戏山"大家（不仅仅是儿童）就可以在人造景观中进行各种不同的活动。游戏山的山体和山谷使人不禁联想到不远处的阿尔卑斯山，大自然的美景一下子就被转移到了城市之中。

不同的主题提供了不同的活动：这里有"攀爬山谷"、"水山谷"、一座大滑梯和一个瞭望台。因此，在细部特征上也有许多特别设计，使人联想到在"真正的"山里进行的休闲活动（图9）。

绿化带

公园中的一大片区域使得相邻的多个居住区与伯格豪森的旧城联系在一起。这条绿化带将成为一个起连接作用的开放空间，它可以为不同的居住形式带来独特的相邻关系。公园中的草地也延伸到了这里，整个空间给人一种宏大、宽阔的印象。"巧克力夹心园"是一系列小型主题花园，它们烘托了绿化带而且是相对独立的可供休息的地方。在常绿紫杉木绿篱构成的圆环之中是各种各样的果树，从形式上体现了夹心巧克力这一想法，点明了花园的主题(图10~11)。

由于新公园的出现，在这一区域中形成了一个极富魅力的新城市组成部分，所以，在与之相毗邻的位置上设置了一座适合老年人生活的居住中心。这样一来，一种新型的城市建设结构与公园联系在了一起，并直接从公园中受益。由此可见，新的公园空间能够为接下来的城市建设发展提供契机，其目的就在于改善周边居住区中居民的生活质量(图12~15)。

12.公园一角
13.镜面墙
14.手提袋墙
15.带金点的墙壁

北京市丰台区大成郡住宅项目
——两个层面上的景观

几乎无法抑制的都市膨胀现象在中国尤其凸显，由此引发了基础设施扩建等一系列问题，而创造居住空间更是当务之急。这一切都正在快速地向前发展，并以各式各样的转变对随历史变化而变化的城市结构产生着影响。

在设计过程中，设计框架条件，如新居住区的绿化率，可以形成一种城市建设潜力与生态潜力。对于投资者来说，这种潜力已不再只是一种负担，而是通常被看作附加值。因此，对于新的居住区来说，质量上乘的公园和绿地常常起着决定性作用。

这个积极因素同样会得到(未来的)居民的高度评价。城市中央的一座住区花园将唤起他们对以往自己熟悉的自然景观的记忆。

北京市丰台区大成郡住宅项目(开发商：北京大成开发集团有限公司)的开放空间设计就遵循了这条指导原则。围绕着中心景观园的密集居住结构，穿插其间的庭院花园被划分为不同的组团。设在一层的停车场屋顶被宽大的木甲板所覆盖，主要行人层面与建筑物的二层持平(第一层面)。人们可以通过一座小桥和一座经景观塑造而成的曲线优美的小丘，从木平台或居住组团下到地势较低的中心景观园中(第二层面)。

木平台十分宽敞，而且紧挨着建筑物。平台上设有座椅设施，可以作为半开放的休息区。站在木平台上远远望去，与街道持平的庭院花园与中心景观园尽收眼底(图1)。

庭院花园

这些庭院的特别之处是，它们将不可互换的形象赋予每个居住组团。它们是在借鉴花园空间模型基础上的现代花园文化的多样性写照。不同主题如"雾园"(图2~4)、"芳草园"、"绿篱园"、"花瓶园"(图5~7)等，其宝贵价值在于它们对居民来说是可以再次识别的，同时，这些庭院还是功能性空间，更是交流空间，有利于使住区发展成为真正的"社区"。

一条环形道路将入口彼此联结，而且向儿童提供了一个既靠近住所又十分安全的停留空间。

1. 小丘剖面图

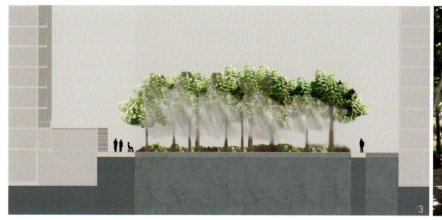

2. 雾园庭院平面图
3. 雾园喷雾示意
4. 雾园园景
5. 花瓶园立面示意
6. 花瓶园一隅
7. 花瓶

8. 中心景观园松树林春季效果图
9. "动物之队"
10. 游戏场平面图

中心景观园

为全体居民而设计的公共绿色空间是一个位于居住区中心的带状景观园。这里抓住了两个层面的简洁特征，并且继续发展为一种地形塑造，一种"城市景观"。狭长的小桥组成了中心景观园的上部层面。从小桥的正面出发，越过一座堆高的小丘，就可以到达中心景观园的层面，这种"地形感"不仅是一种实用的连接，还可以被用作特别的停留地点、瞭望台或者冬天里的滑雪场。利用这一元素可以把不同的层面自然地联系在一起，开放空间也因此能够作为高密度城市建设结构中的连接部分而获得一项附加的实用功能。在小丘的顶部使用特殊的植物加强效果，形成"樱桃山"，在樱花盛开的时节，它们将成为中心景观园里令人眼前一亮的元素（图8）。

中心景观园其余部分的塑造不那么强烈。这里侧重于通过树冠较高的乔木来划分宽敞的空间，为了尽可能地使视线能够在这一空间中不受阻隔地驰骋，在使用较高的灌木时十分谨慎。平整的地被植物保证了空间的顺畅，并以一种有节奏的方式对地表进行了划分。

一片富有特色的、形式多样的实用游戏场显示出特殊的价值，为此专门设计的"动物之队"是由一个个外表看似动物形象的游戏设施组成，可以进行多种游戏（图9~11）。

商业街

在居住区外侧、毗邻大成路是一片公共购物区，即"商业街"。在这里，既可以骑自行车又可以步行，为的是创造一个供人们休闲逛街的宽敞空间。此处的选材与公共设施呈现出美观舒适的总体效果，以烘托商业区的形象（图12）。

*本文由刘蕾翻译

作者单位：雷瓦德景观建筑事务所

11. 游戏场
12. 商业街剖面图

1.从外太空观察世界,20世纪的人类第一次能够这样做。在这个世纪里,人们的视野以一种比较的方式向过去铺展开来

小议景观建筑学中生态规划的发展
Ecological Planning in Landscape Architecture

吴翠平 *Wu Cuiping*

[摘要] 站在历史的角度梳理景观生态规划发展演变的历程,提出对生态科学的正确态度。

[关键词] 生态学、生态规划、朴素生态理念、生态决定论、可持续发展

Abstract: *The article investigates the development of ecological planning from the perspective of landscape architecture, and advocates a proper attitude to the ecological science.*

Keywords: *ecology, ecological planning, simple ecological principles, ecological determinism. Sustainable development*

不管我们是否选择向过去学习,过去却是我们现实中最值得信赖的导师。

——唐纳德·沃斯特

自19世纪50年代始,景观建筑学伴随着工业革命后整个世界的发展走过了整整的一个多世纪。如同科技变革给社会带来的强烈的冲击一样,整个社会变革的背景不仅催生了景观建筑学这门新生的学科,同样也使其经历了不同寻常的发展变化:一方面整个学科的定义和实践范围所涵盖的内容在不断地扩展;另一方面在实践领域也经历了各种设计手法的不断更新,从崇尚自然风景到现代简约主义设计风格的迭替、从欧洲古典园林到有意味的形式的转变等;更为重要的是,经历了从朴素自然观到整体景观生态理念的演变,以及从自觉的以美学和社会问题为目的的朴素生态设计方法到可持续景观生态规划途径的跃进。正是如此种种的演变,使得今日的景观建筑学有着前所未有的广泛与综合,其包含的因素之多、问题之杂、范围之广都不是一个定论能一言以蔽之的。尤其是其所涵盖的代表学科发展方向的景观生态规划,更是与有关生态、有关社会、有关文化、有关美学、有关伦理、有关技术的问题有着千丝万缕的联系。

韦伯曾经感叹,从社会现象的任何一个细节深究下去,都会遇到无穷无尽的因果链条,以致不可能满意地解释现象本身。然而,生态学对于景观建筑学而言有着怎样的涵义?生态学的理论对于景观建筑实践而言在多大程度上可以加以借鉴应用?在生态学从一个相对含混的生物科学分支发展上升到一种世界观和信仰体系的历程中,景观规划是如何受其影响的?面对走过的历史,面对存疑的问题,面对将要行进的方向,我们不得不试图拨开层层迷雾,梳理一下景观生态规划的发展演变的历程,使我们实践的探索更为深入,思考的框架更为明晰。

2. 近代的工业化导致城市极速发展，这是1922从空中看到的曼哈顿
3. 伊恩·L·麦克哈格

朴素生态理念——生态决定论——可持续发展

景观规划的生态途径是源于对生态科学的理解和运用以及将景观作为自然系统的认识。产生的社会背景有三：一是因城市拥挤而产生的对城市开放空间的需求；二是因城市扩张以及资源盲目开发而引起的对自然资源保护的呼声；三是生态关注使得对景观本身的研究和认识成为必然。在此基础上，景观生态规划的发展则有赖于对景观作为生态系统的更加深入的科学研究，并使之建立在更科学的数据库和分析方法基础上。

19世纪中期到20世纪中期，以城市公园运动、区域公园运动和国家公园运动为开端的美国景观建筑学的发展，是在早期朴素的生态哲学思想影响下，从环境生态保护的角度，介入城市规划和景观规划设计实践。

这个时期，虽然景观建筑师们已经了解到生态学不断增长的重要性，但是相对于其对美学和社会问题的关注，对于生态的关注仍然很少。尽管生态规划理论与方法的探讨还涉及许多论题，如生态规划的最佳单元；试图阐明城市交接带的生态功能；如何为环境保护运动明确对象与目标；怎样通过规划方法论的建立，将生态规划作为管理与规划的多用途理论与方法；怎样将可持续产量与承载力的概念引入区域与城市规划之中；怎样推动"整体规划"的发展；如何实现与自然共同规划与设计，而不是破坏自然。但这一时期景观建筑师在其已经投入的自然资源规划和保护管理的工作中，对自然资源的规划和保护管理的方法依然是单一的，仅停留在对功能和美学的关注上，只是基于对景观作为自然和生命系统的认识的景观规划，并没有能够将规划方法系统地和生态学的原理有机结合，在自然科学的基础上建立完整的系统的景观规划方法。

景观建筑师所致力于解答的问题仍然是景观设计如何追上其他艺术和美学观念的发展。在他们朴素的生态规划思想中，生态平衡仅仅是作为创造景观美的工具而存在。然而，面对巨大的经济、社会和文化的变革，对于追求效率和满足未来需求为目标的景观规划设计，景观生态能否被充分地考虑却是值得怀疑。

20世纪60～80年代期间的环境运动，在自然科学家、哲学家、景观建筑师、规划师以及环境保护主义者共同的努力下，影响着整个世界的价值观念。这一时期，无论是生物生态学、人类生态学、环境伦理学、区域规划还是景观生态规划似乎都找到了一个蓬勃发展的契机，并且在朝着共同的一个目标逐渐地走到了一起。

景观建筑师们也正在试图通过自己的专业实践，实现着使人与自然之间协调和睦的目标。然而，这一时期的生态规划虽然在理论和方法上都得到了很大的发展，生态调查内容逐渐从只注重自然因素，扩展到包括社会组织文

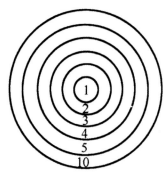 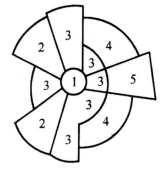 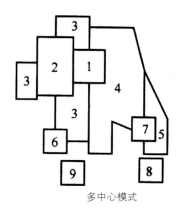

|同心圆模式|扇形模式|多中心模式|

古典人类生态学的城市空间发展模式。
1.中心商业区；2.轻工业区；3.下层社会居住区；4.中层社会居住区；5.上层社会居住区；6.重工业区；7.外国商业区；8.住宅郊区；9.工业郊区；10.往返地区。

化、价值观及经济结构、状况等方面。但是却偏重于生态学思想的应用，强调人类活动对自然环境的适应而忽略了人类社会与自然环境的互动性。在方法论上，这一时期的生态规划采用环境与资源的适应性分析，关心的是发展中面临的自然环境与资源的潜力和限制，对自然生态系统自身的结构与功能，它们与人类活动的关系则显得有些漠不关心。如麦克哈格及其同事早期建立的生态调查分层模型(Layer-Cake)，更多关心的是自然环境属性，从自然资源开始收集、解释、评价自然环境系统数据，有了这些数据，问题的答案便可通过层层的地图叠加来获得。规划师的主观能动性在这里是几乎看不到的，带有明显的生态决定论的影子。

毕竟，景观设计实践往往都是出自于服务于雇主和最终使用者的目的理念。这在本质上显然又是人类中心主义的，它与生态中心为基础的价值体系之间存在着矛盾，这也许正是景观建筑师们时常处于人与自然之间的两难境地。很大程度上，生态主义的景观建筑师似乎都在扮演着一种中间调解人的角色，协调着人类社会的欲望与自然环境之间的关系，坚信自然与文化、设计的景观环境与自然生态的环境之间能够融合。

此外，虽然麦克哈格的生态规划模式摒弃了追求人工的秩序和功能分区的传统规划模式，而强调各项土地利用的生态适宜性和体现自然资源的固有价值。但麦克哈格所依赖的垂直生态过程分析方法，极力强调某一景观单元内地质一土壤一水文一植被一动物与人类活动及土地利用之间的垂直过程和联系。而事实上大地景观中普遍存在着水平的生态流或生态关系，如自然的风与水的流动，火灾的空间蔓延，候鸟的空间迁徙，城市的空间扩张。而在麦克哈格的生态规划模式中，这些水平过程很难得以体现。这一局限，被20世纪80年代走向成熟的景观生态学的研究所克服从而使景观规划的生态途径走向可持续发展模式。

20世纪80年代以来发展起来的可持续发展模式下的景观生态规划，是继60年代麦克哈格的"适宜性设计"之后，又一次使景观规划方法在生态方向上跨出了一大步。以麦克哈格为代表的设计模式主要是摒弃了追求人工的秩序和功能分区的传统规划模式，从而强调各项土地利用的生态适宜性以及体现自然资源的固有价值。而自20世纪80年代以来的景观生态规划模式则更强调基于系统分析与模拟的景观空间格局对过程的控制和影响，尤其强调景观格局与水平的生态流或生态关系的关系。

通过对景观生态规划途径的分类和归纳，不难看出，它们因在不同的时间，针对不同的问题，由不同知识、社会背景的学者所提出的，其适用范围、解决问题的具体方法、需要运用的知识等方面都有所不同。但各种生态规划途径也有着一致的地方：第一，步骤一致。几乎所有景观生态规划模式的基本方法和规划步骤皆可大致划分成5个步骤：1.确定目标和范围；2.调查；3.分析；4.评价；5.实施；第二，研究对象一致。为便于研究者对研究对象进行整体的把握，都以景观作为研究对象；第三，科学背景一致。所有的规划模式都结合了生态学的，尤其是景观生态学的原理和方法；第四，目标一致。都将景观的可持续发展作为规划的最终目标。

20世纪60年代环境运动之初，生态规划在理论上与实践上主要是生态决定论，要求人类活动服从于自然的特征与过程，而对人类本身的价值观及文化经济特征注意不够，显然，这与当时环境运动的主流相适应，以至于后来人们将生态规划视为"生态保护"的同义词。自80年代以来，研究者们开始注意到景观生态规划不应只是从生态学角度来考量和进行规划，更应该真正能从协调人与自然的关系的高度来认识，必须综合自然、经济、文化的特征及其相互作用关系来指导规划实践。麦克哈格后来也指出"我们必须将区域(规划对象)描述成为一个自然一生物(包括人)一文化相互作用的系统，并用资源及其社会价值重新构筑"，并称生态规划为人类生态规划。规划的方法是生态学的方法，但规划的主体是人所处的环境和人的活动，因此，在可持续发展的要求下，景观生态规划必然从狭隘的"生态决定论"的束缚中摆脱出来，走上自然、社会与美学的新的综合。

对生态科学的审慎态度

科学并不是一种单一的、庞大的、永无止境发展的力量。它不是很多学科支持者所描绘的那样单调乏味的知识探索，也不是如其他人所宣称的一如既往地沿着"真理的边缘"向前发展，没有一种说法能完整充分地反映科学事业永远变化的真实性。科学跟任何人类活动一样充斥着许许多多的分歧、冲突、争论和个性差异。科学的发展同样有其历史主义的相对性和偏向性，同样是一种社会和文化的时代选择。没有如此变化多样的科学发展，永远不可能容纳如此之多的思想和自然模式。正是因为这种观点的多样性，科学才大大地扩展了我们关于自然世界以及我们身在其中位置的理论视野。

生态学就是这种兼容并蓄的科学探索中更有意义的分支之一。经过两个多世纪的发展，生态学已提供给我们关于大自然的广泛而丰富的见解，而且所有这些见解都能体现某种程度的真理。传统的生态学思想强调生态系统的稳定性、平衡态、确定性和可预测性。然而，当代生态学研究指出，生态学系统并非处在"均衡"状态，时间上和空间上的异质性才是它们的普遍特征。当前计算机模拟的发展，使多样性对稳定性有正面作用的观点开始瓦解，稳定性的整个理念也遭到质疑。种种科学研究的结果暗示着自然界是混乱的、充满扰动的、不断变化不可预测的一个系统，生态学成了一种混沌科学。如此看来，我们是否不应把自然界定位成某种通过完全公正的科学研究可变得易于理解的永恒完善状态？也许，我们只有通过将人与自然看成是一个统一的整体，才能在我们并不完善的人类理性帮助下，发现哪些是有价值和哪些是不足取的。

科学只是给了可供我们选择的各种方向，却没有给我们指出一条必然的道路。对于景观生态规划而言，只有追求在与自然过程相适应的基础上，对大地及其上的物质环境进行有意识的塑造从而满足预期的目标，对规划设计途径给环境带来的冲击和干扰进行全面的衡量，才能是一种较为科学合理的规划。在我们并没有能够对未来作出确切的预期同时也没有找到更为可靠的科学作为支撑作出完全正确的规划的时候，我们仍然可以乐观地选择一个特定的自然过程模式作为我们的范式。然而，景观建筑师在景观规划过程中，往往需要作出的是价值抉择而非经验主义的科学判断。我们还是要立足于所处的社会和文化的背景当中，审慎而积极地作出合时宜的选择。

从朴素的自觉的对生态系统与人类活动关系的认识，以及基于此而发展的公园规划、区域和城市绿地系统规划和自然资源保护规划，到以时间为纽带的垂直生态过程的叠加分析，以及基于生物生态学原理的景观生态规划；从强调人类活动对自然系统的适应的生态决定论，到关注自然、社会与文化的综合协调，强调水平过程与格局的关系和景观的可持续性的景观生态规划。对过去历史的研究，已经揭示出今天我们可以学习的适应性模式。如果用一种适当的眼光来看待景观规划设计中的生态原则的话，可以认为，好的设计应当是易管理低维护并持久有生命力的设计，而探索和引导生态观念与美学品质和社会关怀的相融合，则是景观建筑学前进的方向。

我们生活在一个城市世纪。在人类历史上，第一次，居住在大都市区的世界人口达半数。而未来，将会有更多的人口迁往城市。预计到2050年，全球三分之二的人口将在都市区生活。而在中国，预计到2010年城市化率将达到45%左右，在未来的30~40年内可能达到70%左右（国务院发展研究中心"十五"计划研究课题组，2000）。这也就意味着其中将有大量的乡村地区与自然地区向城市与郊区转变，意味着城市聚居环境将越加不容乐观，意味着人类社会与自然环境的关系将面临更大的挑战。这样的趋势，也预示着作为人与自然相互协调的媒介的景观建筑学，在未来所要肩负的社会职责将会是更加任重而道远。

作者单位：易道（上海）咨询有限公司

住宅环境的水体设计
Water Body Design in Housing Environment

彭应运 *Peng Yingyun*

[摘要] 作者结合自身丰富的景观设计经验，对住宅环境水体设计中碰到的问题进行了探讨，并结合实例进行了阐述。

[关键词] 水体设计、人工水系、中心湖区

Abstract: *Generalizing from his practices in landscape design, the author explores various questions encountered in water body design in housing environment, and demonstrates solutions by illustrated cases.*

Keywords: *water body design, artificial water system, central lake area*

空气、水、土地对于人类的生存来说，是绝对不可少的。水意味着绿色、意味着生命的存在，没有水也就没有生命。在传统的风水学中，城市、村庄及住宅选择时，对山体的环境的构成，良好的空气，以及水的存在与流动都是极其重视的。在当今的住宅区设计中，水体、水景的设计也是几大要素之一。水给环境带来美感与灵气。水景还可以借助自然光线、天空、灯光产生各种美仑美奂的景象。水景可有以下形态：跌落——瀑布、跌水；流淌——溪流；停留——水池、湖泊；喷射——喷水、喷雾。它可以根据水的流量、落差、数量形成宏伟壮观或优雅而富有乡情的景观。

在住宅区环境设计中，水面是其中的重要组成部分。水体有运动、观赏、戏水、养鱼等不同功能。它可以对住宅区尤其是别墅区起到划分、隔离的作用，正所谓"路阻景连"。同时又可以调节区内小气候。针对水体设计，结合工作经验，设计中应考虑以下一些问题：

一、水源

在景观设计中，在同一区域往往存在着天然水系与人工水系。天然水系是指景观区内自然存在的海湾、湖面、河流、溪流等水面，人工水系是指根据造景需要开挖或利用天然水系水景改造的人工水景及水面。它们有很大区别，天然水系随大自然变化而变化，雨水过多会发生洪水，长期不雨又随之干枯，而人工水系要求水面稳定与池岸保持一定的高差，水少补水，水多溢流，用人工手段来解决。

二、水质

天然水系的水质受环境与季节影响，无法控制其水质。而人工水系要根据其用途决定其水质标准。要求不同，水质净化措施也异。游泳池水质要求比较严格，其水质要求达到饮用水平，相应的净化手段较复杂，大型泳池采用水处理间，而小型泳池可采用外挂式水处理器。观

赏水有一定的洁净度与透明度要求，氨氮量与大肠杆菌都有一定指标，一般采用砂滤来解决净化要求。生态水没有列出各项指标，一般采取机械手段或水生植物来净化与补氧，当鱼类及水生物不易存活时就要更换水系或冲淡。如其外来水源为自来水时应脱氯。

三、各种活动对水体深度与面积的要求

项目	水深（m）	面积(m²)	备注
划船	>0.5	>2500	800～1000m²/只
滑水			3～5m²/人
游泳	1.2～1.5	400～1500左右	5～10m²/人
儿童游泳	0.4	200～800左右	3～5m²/人
儿童戏水池	0.4	200～800左右	
养鱼	0.3～1.0		见下文供参考
观赏鱼池	1.2～1.5		

注：1. 金鱼要求水深0.30m，鲤鱼0.3～0.6m，过冬要求1.0m。
2. 10条20cm鲤鱼要10m²水面。
10条30cm鲤鱼要20m²水面。
10条45cm鲤鱼要40m²水面。

四、湖池底对土壤的要求

环境设计中，湖池的位置选择要考虑环境设计的需要。所以只能根据现状采取不同的处理方法。

（1）如为天然水体，如果年代久远，池底渗漏少，一般不宜再动，利用改造为好。

（2）如为砂质黏土，土层厚，渗透能力小（0.007～0.009m/s）不用处理地基，采用较简单的防水构造即可。

（3）如有淤泥层，应挖掉全部淤泥层，重新回填好土再做防水构造。如淤泥层较厚，不能挖干净时，必须采用钢筋混凝土底板，再做防水构造。此类地基不宜做大型水面。钢筋混凝土底板在长向上超过25m时需留伸缩缝，一般用自埋式橡胶避水带。

（4）如果地下水位较高，池较深（如游泳池）时，池底钢筋混凝土底板必须考虑反浮力构造做法，采取加重量、向地下设拉杆或拉桩等办法。

五、抗冻措施

北方地区冬季寒冷，保护水池不被冻裂是一重要课题。浅水池一般将水放干。但在地下水位高的地区，地下水结冻，仍然会破坏池底，可将轻质保温材料放入池中，保护上部；而下部采取以下措施：

（1）将水池基础下部放置300～500mm厚夯实天然砂石层，然后做100mm厚C10混凝土垫层。池四周加设500mm厚天然砂卵石层，增加渗水盲沟更好。减少毛细，分散冻结应力（图1）。

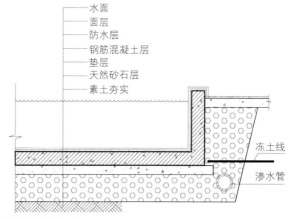

1. 抗冻做法（一）

（2）如果地下水很高，下部先做混凝土垫层，然后做地垄墙，使水沟与地基脱离。四周做500mm厚天然砂卵石层及盲沟（图2）。

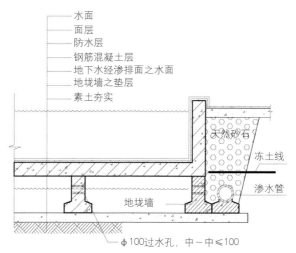

2. 抗冻做法（二）

六、排洪防暴雨处理

环境设计中的水池，水面要基本保持恒定。要注意解决补水及溢流的排水设计。溢流要根据庭院汇水面积及当地的骤间暴雨量进行计算，选择合适的溢水管将多余水量排入

小区雨水系统中。在实际设计中，不能直接将天然河道与溪流引入城市小区中，必须设计分流控水设施。小区内水池补水可用城市自来水，但如要养鱼时，需要有除氯装置。排水口主要是将不洁水直接排入城市雨水系统中。不管是溢流口或排水口都要设置金属网，以免垃圾进入管中。

七、驳岸的做法

环境设计中，岸不仅是水体的维护者，同时通过对岸的设计，使水面更加丰富。岸分为堤岸与护岸。堤岸实际是一面临水的挡土墙，外形可以根据设计者的要求，做成仿瀑布、仿崖、仿树桩、仿竹及草坪岸。护岸可做成卵石护岸，块石护岸，水草护岸、沙岸等。

八、安全规范的相关处理

在住宅区中，水深超过400mm（安全水深）时，必须采取防护措施，以保护小孩的安全。一般可在非亲水区及成人游泳区处设栏杆，而亲水区采用护岸缓坡，或在岸边设≥2m的浅水区，转入深水区之前设水下拦网（图3~4）。

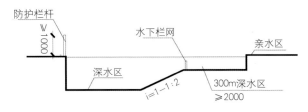

3. 岸边设≥2m的浅水区

4. 亲水区采用护岸缓坡

九、实例

如深圳某楼盘的景观设计，基地内设计了一中心湖区，湖体位于地下车库顶板上面，水体面积2850m²，水面离驳岸20cm，水深由30cm到70cm。针对该湖体的设计，设计师采用多方对景，互为因借的园林设计手法，沿岸设计了中心广场、休闲广场、亲水广场、木栈道、临水湖岸等多处景观，力图营造出景观丰富、视线开阔、动静兼宜、生态可亲的湖区形象。在中心水轴的水系技术处理上，设计师根据项目的景观定位与场地特征，将中心水轴划分为生态水系（中心湖区）和景观水系（入口水系）（图5），全部采用人工水系的技术进行处理。针对不同的水景，采用不同的水质标准及净化措施，最低限度地降低后期运行成本。两个水系虽然各自独立，然而在景观上，则是通过假桥的形式设计出景观视觉上的连而不断，大气磅礴之势。

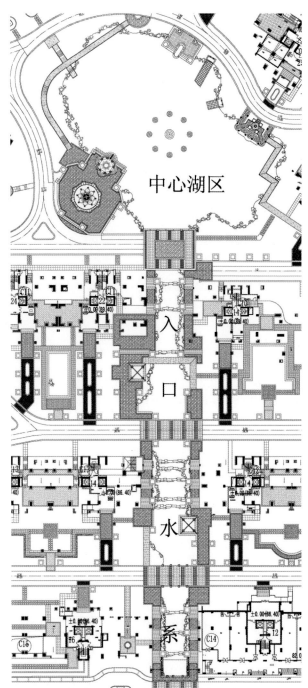

5. 深圳某项目中心湖区与入口水系平面图

在中心湖区的景观设计中，水面面积为2850m²，由专业水景设计师根据深圳的雨水量进行计算，需要设置一根管径为900mm的排洪管或者两根管径为700mm的排洪管。从车库顶板与地面的覆土深度考虑，设计师采用了两根排洪管的方案。进而根据地形情况、车库结构顶板的放坡现状与最近的雨水口位置，在湖区的地势最低处设计了两个溢洪口，在每个溢洪口处各设有两个带阀门开关的清扫用水口，当湖体需要清洁时，湖水便可汇集到溢洪口处排出。溢洪口的高度比湖体水面高出5cm，中心轴线水景景观用水采用水泵由低地集水池打入高处水槽循环运行。当有特大暴雨时，中心湖区洪水则通过溢洪口及时排出（图6）。

中心湖区的湖面较宽（最长轴78m，最窄轴45m），并且整个湖区位于地下车库顶板之上，所以做好湖底的伸

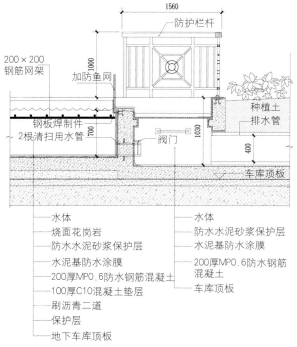

6.溢洪口剖面图

缩缝设计及防裂抗渗处理是深为必要的,因此设计师最后在湖底设置了两道伸缩缝,水池采用双层配筋进行防裂处理,采用MP0.6混凝土进行抗渗(图7)。

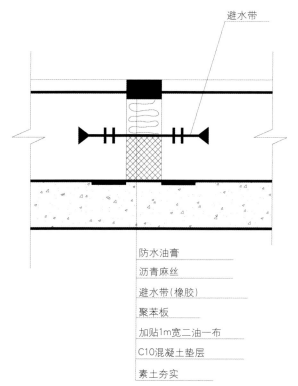

7.伸缩缝做法

设计中设计师力求营造出生态型的湖体驳岸,从缓缓的疏林草坡到亲切自然的叠石湖岸,中间还设计了雾森效果,俨然是一片人工的生态湿地。驳岸的设计大体分为两段,在地形较为陡峭的地段则沿岸增加了排水明沟的设计,沟盖上散置卵石,以求尽量做得自然(图8)。

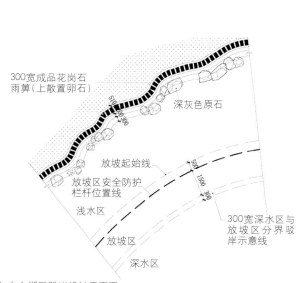

8.中心湖区驳岸设计平面图

根据湖体水深情况及安全规范要求,设计师将整个湖区分为浅水区、放坡区和深水区等三个区域,其中浅水区水深300mm,放坡区水深300～500mm,深水区水深600～700mm。在放坡区400mm水深处设计了水底安全栏杆,另外,在溢洪口处设计了防护栏杆及钢筋网进行安全防护,在溢洪口的排水口处设计了防鱼网——防止湖鱼跃出。

综上所述,在住宅环境的水体设计中,应贯彻"以人为本"的设计思想,而"以人为本"的思想可以体现到以下措施中:

1.在设计中应将"安全第一"放在首位,严格执行国家在各种规范中的安全规定。如栏杆的设计,安全水深等,绝不推出有安全隐患的构造设计。

2.中国还是一个发展中国家,应该本着勤俭建国的思想去进行设计。在保证设计质量的前提下,应选择经济实用,耐久性好,少维修的做法。针对不同的水景要求,选择不同的水源及净化方式,减少后期的维护成本。

3.尽量使用环保性材料:如渗水铺装材料,无毒性油漆或防腐木材。与人接近的配件、构件,如扶手、栏杆、座凳,外形尽量按人体需要而做到舒适安全,不要有尖锐凸起等。以上诸多细节都要深入考虑到,将其用到设计中。多做设计多思考,多积累,多琢磨就能设计出好的住宅环境。

作者单位:深圳柏涛环境艺术设计有限公司

从东湖公园设计与运行简述滨水景观设计
Waterfront Landscape Design in East Lake Park

胡晓冬 *Hu Xiaodong*

[摘要] 结合作者自身的设计项目，对城市滨水景观这一中国现阶段城市发展中碰到的问题作了一番探讨。

[关键字] 水系的改造、滨水景观、环境、东湖

Abstract: *Combing real experiences from East Lake Park design, the authors discusses waterfront landscape design in the context of present Chinese cities.*

Keywords: *renovation of water system, waterfront landscape, East Lake*

随着近几年房地产业的大规模升温，一大批高素质的居住区也随之出现。相应的，这些居住区的配套绿地体系也随着产业的发展、设计理念的提高和设计水平的进步而逐渐成熟起来。居住区绿地体系的功能及其在城市市政公园系统内的地位都发生了明显的变化。从单纯挖掘场地内部的各种资源，到打造居住区周边的整体环境质量，以往由政府单一投入建设公园和城市绿地的模式被打破。越来越多的公园以居住区开发为依托，具有较强的针对性，发展势头很快。这种公园一般都采用了现今国内比较流行的BOT模式(全称是"BUILD—OPERATE—TRANSFER"，中文称"建设—经营—移交")。与传统模式相比，建设的主体由政府转为开发商，获利方式由单纯的门票收入转为复合型经营性收入，甚至通过公园提升周边地价，转而使自己受益。成都市东湖公园就是在这种背景下建设起来的典型公园之一。自2002年起开始设计，到2004年基本竣工并投入使用至今，公园已经运行了3年的时间。在这3年里，东湖公园随着周边居住区的建设也在不断演变、进化和发展着。这个过程便让我们有了一个机会，可以体验一个公园在时间、周边环境以及使用人群等外部条件的变化中，其自身演变的过程；而对于这种研究本身，更多的设计者亦可以从中汲取有益的经验。

1.鸟瞰图

一、总体规划结构

东湖公园，位于成都市区东南部，二环路东五段外侧，府河与石牛堰两条水系交汇处。用地总面积约420亩，其中水面面积占总面积的近一半，约185亩。整个湖区由一大三小共四个独立湖面组成。公园南侧和东侧是开发商已购买的43亩商业用地和782亩住宅用地，其中南侧有规划道路直接和公园相连。公园建设前北面是劳动力市场，流动人口多，治安条件较差，西面、南面是工厂，公园用地本身搭建了大量棚户，是当地政府比较头疼的难管地带(图1~3)。

东湖公园建成后的定位是一座免费开放的城市市政公园，由开发商负责建造和初期的经营。开发商希望通过公园的建设，提升本地段的外部形象，进而使其住宅产品价值出现井喷效应。在这种模式条件下，公园的总体规划便受制于政府和开发商，需要兼顾公共和商业两个方面的利益要求，它必须在经济性和生态性这两个控制要素之间求得一个平衡，将市民对城市绿地的需求和企业对收益的需求最大化地统一起来。

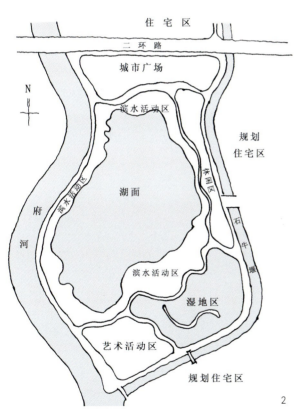

2.分区图
3.公园原状

4. 城市广场
5. 滨水活动区
6. 休闲区

最终规划根据功能要求、生态要求和场地条件,将公园分为五个功能区:

1. 城市广场:即是公园的主入口广场,是公园与城市联结的主要的通道,为游人提供集会、休闲、城市艺术展览等公共活动所需的服务性空间,以及与之配套的餐饮、购物、展览等商业功能的构筑平台。由于其收入将补偿土地开发费用,故开发商将享有优先经营权(图4)。

2. 滨水活动区:以湖面为核心,紧邻水系的一个环形带状区域,由道路、林带、滨水景观小品和服务功能设施构成。这里是公园陆地部分和水域部分的过渡地带,也是两种截然不同的景观环境的融合区域。通过各种设施、环境和途径满足人们多种方式亲水活动的需求(图5)。

3. 休闲区:位于湖面东部,通过营造停留、半停留与通过,私密、半私密与开放等不同性质的场所,加上景观小品和园林植物的搭配,提供多个供市民休闲的小空间,满足各种年龄层次人的需求(图6)。

4. 湿地区:由公园内较小的三个湖面组成,作为整体城市生态绿地的组成部分——城市湿地生态链的一个环节,同时也是整个公园发挥其生态功能的最主要部分。这一区域容纳各种水生动植物,并吸引各种涉禽、游禽等水鸟来此栖息,形成一个完整的湿地生态系统,成为兼具生态和科普功能的综合区(图7)。

5. 艺术活动区:作为一个将本土艺术与世界艺术融合展示的区域,这里将成为城市艺术普及的据点,在吸引城市内外的艺术工作者前来展示作品、切磋技艺、交流思想、寻觅构思的同时,也把现代艺术推向了广大市民,扩大了其对艺术作品的关切面,从而使更多人来留心和关爱这个艺术据点(图8)。

在分区关系确定之后,就每个分区中的细节功能加以深化,控制建筑、道路、广场、绿地等要素各自的比例及区域,形成最终成果。

二、水系的改造——自然优先原则

对于一个以水为主体的公园,水质对公园的形象起着至关重要的影响,水系的改造就显得尤为必要。

东湖本来是附近工地取土挖沙后遗留的坑地,由于挖土而形成的驳岸比较陡峭,而且处于地势低洼的区域,经降雨等自然积水和居民排放废水而形成了后来的湖区。湖

7. 湿地区
8. 艺术活动区

区取土废弃后，曾经作过一段时间的垃圾填埋场，加之这一区域拆迁前为棚户区，流动人口多且素质较低，各种生活污水皆排放到湖里，所以湖水水质很差，水色浑，异味浓，污染比较严重。

对于东湖水系的改造，将主要集中在两个方面：

一是以水质改造为主，解决湖的污染问题，重建水系生态链；二是以对地形的改建为主，修整驳岸和水旁坡地系统，重建优美的亲水景观。

对于水质的治理当初曾经计划使用换水或注水的办法。但经过探勘考察后发现，尽管与东湖相邻的府河与石牛堰地区的水质比起东湖来虽然稍微好一些，可是也很不理想。最简单的通过换水以改善现有水质的方法也就因此宣告无法实现。另一方面，东湖的湖面被水葫芦、空心莲子草等浮水植物不同程度地覆盖，遮挡阳光并大量消耗氧气，其他水生植物已无法生长，水生鱼类更是无法存活。单纯的换水法也无法解决这一问题。

在对各种水处理的方案进行了初步分析的基础上，我们对现今较为常用的几种方式进行了比较，列出了一个统计表（表1）。通过对资金投入量、目标达成度等权衡条件的反复比较，提出了"自然优先"的原则：即在尽量采用自然方式进行水域治理的同时，通过给予较少的人为干预和投入较少的资金来实现。

方式	特点	优点	缺点
换水	稀释水中的污染物，使其浓度降低，以此改善水质	不需要初期投入	后期运行成本非常高
人工净化	采用人工干预措施，使水质完全能够符合景观要求	效果好，能见度甚至可以达到2m以上	投资大，处理设备需占地
生态法	采用水生动物和植物对水中的氮和磷进行吸收，改善水质	投资省，和环境的兼容性好	处理效率比较低；污染负荷较小
综合法	采用自然生态再加上人工的方法进行水处理	效果好	投资较大，处理设备需占地

对于污染程度不同的湖面，需要采用不同的处理方法：

1. 面积广大的水面，水质情况相对其他湖面往往要好一些，其原因在于这些湖区的水体总量比较大，污染物浓度相对比较低，而且有一定的自净能力。对于这类水面的处理，可以分以下几个步骤来解决：

（1）迁移湖区周围的棚户区和其他可能会排放废水的企事业单位，断绝周边污染源；

（2）清捞水葫芦、空心莲子草等易暴发性生长破坏水体生态平衡的植物；

（3）在湖区四周种植芦苇、菖蒲等水生植物。

2.面积较小的水面，水面状况一般很差，这些水域的局部水深可以达到9m以上，湖底又有大量垃圾，直接排干水后人工清淘费时费力。虽然治理起来比较困难，但是对于这种情况，还是可以采用以下几个步骤进行处理：

（1）清捞水葫芦、空心莲子草等水面杂草，打捞湖面上漂浮的垃圾；

（2）用块石、建筑废弃石料等填埋湖底垃圾，深度约1m；

（3）在填埋层上方再用连沙石、养殖土覆盖一层；

（4）挖通大小湖面，为小湖注入相对比较清澈的水，稀释原受污染的水体；

（5）待小湖水质稳定后，在湖岸区种植芦苇等耐污染力强的水生植物；

（6）在湖面的连通部位和某些靠近岸边的水域等水深较浅的区域，规划两片沼泽区，用于长期净化湖水水质。

在经过了将近一年的改造和运行之后，东湖的湖水水质发生了质的变化，水体明显变清，异味也大大消除。不仅水中鱼虾的种类和数量都有大幅度的提高，就连在成都地区不常见的白鹭等大中型水鸟也出现在湖畔，湖区在整个成都市区环境链条上的生态环节功能和作为城市绿地市政公园的游憩功能都得到了相当程度的恢复。但是，仅仅有好的水质还不足以满足城市居民亲水的愿望，必须对原有的水际岸线加以修整，使其满足游憩、生态、安全等多方面的需要。

对于近水区的水岸，为达到规范要求，在设计中曾经考虑过填、挖两种方法。对于填的方案，由于东湖的湖区是挖土取沙所形成的，驳岸陡峭，填土量十分巨大，而且土在水中的安息角比较小，施工难度高，很难达到预期效果，故此方式被排除。而挖的方式，则是在原有湖岸边挖取部分土方，使湖水自然漫入，形成后的水岸将有3～5m的安全区，是非常适宜的方法（图9）。

三、滨水景观的营造

从规划上，将现有的一个大水面和三个小水面划分为两个开放程度不同的空间。北面的水面临近城市干道，成为城市整体市政绿地系统的一部分，面对的是整个城市的

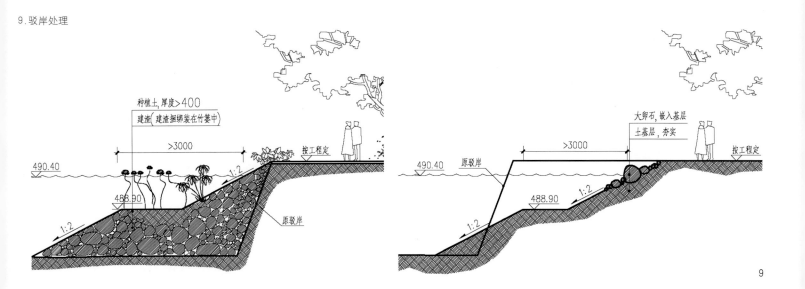

9.驳岸处理

游客；而南面的水面则与规划中的居住区相临，成为居住区绿地，服务对象是区域内的居民。以"开放—私密"作为使用人群的条件，将北面定位为城市的公共开放空间，南面作为自然湿地系统，定位为城市半公共开放空间。较少的人为干预，半自然的生态模式，同样也符合场地的自然生态模式。主要亲水空间围绕着中心湖面约1.6km的环形景观通道来布置（图10）。每隔1~300m为一个景观廊道组织空间，以不同的收放度来呈现"移步换景"的传统园林理念。对于相对面积并不算大的水面和并不算宽的水岸通道，要容纳1万目标人群，没有足够的停留空间是不行的，而不同的空间之间又需要一定的独立性。这样，传统的"借景"、"障景"、"阻景"等造园手法便显示出了它的生命力。通过园林植物、景观小品和建筑、服务设施等，结合自然地形地势，营造出的遮、挡、拦、盖、透、隐、露、显等效果，将原本简单的场地变得层次丰富，客观上也创造了更多的功能空间。

在最窄不到15m的景观廊道上，节点的布置如同项链上的珠子，一个串着一个。为避免感受上的平淡，通过引入"亲水度"和"开敞度"两个要素来控制（图11~12）。

图示11，亲水度：

10. 总平面图
11. 亲水度

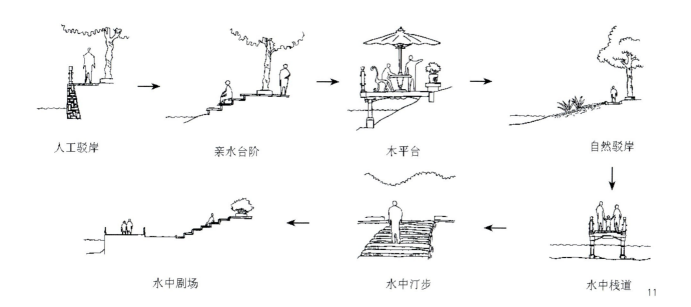

12. 开放度
13. 木栈道
14. 水上剧场
15. 水边的咖啡屋

不同的临水空间，有的高出水面，有的与水相临，有的伸入水面，有的甚至随水位的涨落呈现不同的景观（如水中汀步）。人直接进入水中是困难的，但设计可以让人体会进入水中的种种乐趣。挑入湖中的木平台可以提供人在水边休闲的可能；水中剧场提供人与水对话的空间；走在水中汀步上让人感受踏浪的快意（图13～15）。

图示12，开敞度：

开敞度不同，感受也会完全不一样，私密、半私密、半开放、开放。从入口过渡空间到第一眼看到水，形成"期待——兴奋"的情感变化，我们期望这种情绪的变化同样通过开敞度的控制来实现。四面环绕的树丛，给人封闭、私密的感受；亲水的台阶可以让人有豁然开朗的感觉；伸入水中的木平台拉近人与自然的距离；四面环水的小岛让人可以饱览湖光天色。

水质的改善和水景观的营建不仅为东湖公园带来了一片生机，而且此区位的环境也因此得到了改善。成都多年不见的白鹭现在大量栖息在公园内，湖水中又可以见到群鱼畅游的美景，夏季里更能听到鸟叫蛙鸣此起彼伏的动听音乐。好的生态环境，使公园成为了周边居民乐于前往的去处，更带动了周边土地价值的攀升，开发商在周边开发的住宅已经成为成都的热点楼盘之一。公园的建设为政府和开发商取得了双赢的局面，使原来的城市死角变成了市民休闲聚会的场所。我们欣喜地发现，东湖公园正在成为周边住区居民的聚集场所，并为我们的城市建设积累了宝贵的经验。

作者单位：中国建筑西南设计研究院

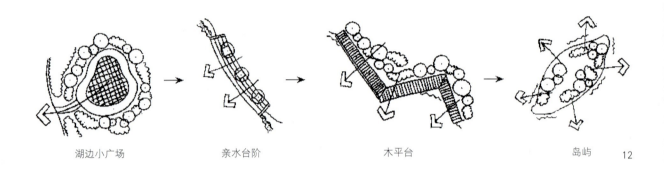

湖边小广场　　亲水台阶　　木平台　　岛屿

挖掘人文内涵，打造宜居景观
Humanity and Livable Environment

梁 爽　王 雪　Liang Shuang and Wang Xue

[摘要] 评论了重庆地区的住宅环境现状，强调与本土文化结合的人文景观。结合实例探讨了景观如何本土化、乡土化，如何创造宜居的居住环境。

[关键词] 人文内涵、宜居、巴渝文化

Abstract: *The article evaluates the present housing environment conditions in Chongqing and advocates humanistic landscape demonstrating local cultures. By referring to real cases, it investigates the creation of livable environment through localized landscape design.*

Keywords: *humanity, livability, Ba-Yu culture*

重庆也许是中国西部最大的建筑工地，城市建设、交通改造以及住宅小区的开发量居高不下，四处塔吊林立，搅拌机日夜轰鸣，城市天际线日新月异。直辖十年以来，似乎从来没有停下圈地造城的运动。随着全国房地产业持续升温，重庆由工业化城市向商业化城市转型发展，无论是本土的房地产开发商还是外来的开发巨鳄，都将这场没有硝烟的商战进行得惊心动魄。

如此密集而大规模的开发导致房地产白热化的市场竞争，使得每个开发商老总的案头总有那么一行醒目的策划提议——"打造同一区域的高尚品质"，"地标"，"异质化"，"强调风格"等词语在每一个新项目的研发会和策划会频繁出现，在搅扰决策人的同时，也给设计师们出了一道道难题。于是建筑师和景观设计师们在做设计方案的同时，似乎手中都捏着一张世界地图，永远都嫌百度搜索范围还不够广，永远都在脑海中搜寻还没被竞争对手提及的风格流派。"北欧简约主义"、"印尼巴厘岛风情"、"英伦小镇"、"西班牙风情"、"普罗旺斯再现"、"北美生态景观"……以各种吸引眼球的字体和色彩占据着广告版面的巨大篇幅。重庆似乎在短短几年中，抛却了自身立体山水的大开大合的城市构架，巴渝建筑与自然共生并存的传统文脉，大江东去，洪浪涛涛的豪迈人文品质，而演变为一个万国园艺博览会。似乎随便走几步，便可将欧洲、美洲、澳洲、东南亚等地的各色美景尽收眼底。罗大佑"彩色电视变得越来越花哨而能辨别黑白的人却越来越少"的歌词已不再是戏言。眼花缭乱的广告，光彩绚烂的异国风情，杂说纷呈的风格定位，扰乱了大众的审美视线，却忽略了关键的人文精神。其实风格化并不是简单的模拟或典型元素的重置，更不是市场上响亮的口号，而是另有深厚的地脉、人脉、文脉根基和与之相适应、匹配的审美传统和环境。剪接、拼凑、生硬的套用，不是风格化的传承和应用，缺失了风格内在的人文品质和精神土壤，甚至没有地形、气候和植物的客观支持，只能落入一种"照猫画虎"的尴尬境地。

记得几年前参加一个全国性的住宅景观研讨会，俞孔坚教授着重谈到景观的天时、地利、人和，景观设计的本土化、乡土化与文脉传承，认为景观地域性是景观的根，景观的人文性便是景观散发出的花香与玄妙意趣，设计任何一个项目都应该与那块土地培养出深厚的感情。这种"生长"出来的景观与现代建筑的奠基人弗兰克·劳埃德·赖特（Frank Lioyd Wright）的"有机建筑"理论有异曲同

1. 洪崖洞鸟瞰
2. 洪崖洞沿滨江路街景
3. 高低错落的吊脚楼
4. 洪崖滴翠
5. 壁画
6. 街景小品

工之妙。理想环境的典型模式为：居室背山面水，周围树木环抱；门前是草地和宽阔的水面，草地上有许多野花，水中有白鸭嬉戏，令人心旷神怡；一条小路穿过水域通向对岸的树丛，曲折幽深，水中可以游泳，草地上可以休息，林中可以散步。把人们对美的追求与大自然的山山水水联在一起，是景观设计的最基本出发点。原EDSA的设计大师陈跃中阐述的是景观设计师在整个工程项目中的重要作用，一个经得起考验的景观项目，不仅需要有良好的观赏性、功能性和参与性，还必须与当地地理、气候（包括日照、季风、降雨、地震、火山、海啸等）、人文活动相互依托，在此基础上还得对市场化的运作有着敏锐的洞察力、深刻的理解力和丰富的想像力。从这些见解中，我们不难发现景观设计的市场化不等于已有的风格的抄袭，也不是缺乏土壤的"缘木求鱼"，而是以土为根、以人为本的求精务实的设计本源的回归。弱化风格，增强人文内涵的外在体现，倡导宜居设计才是我们遵守的设计原则。

社会的经济发展，会对城市的格局、建筑、民俗进行一次摧残，使之游离于原有的人文品质和审美习惯的边缘。当人们慢慢发现全是摩天大楼的城市多少有点苍白，玻璃幕墙不再倒映青山绿水，狭岛效应、热岛效应给我们带来切身的负面影响，高架桥像长而蜿蜒的爬虫……人们的距离越来越近，情感却越来越淡薄，整个城市不再有原汁原味的记忆中的风貌。人们开始集体地"怀旧"，对文化的追忆，对人文景观的憧憬终于让我们看见以传统民居作为文化符号承载城市人文的样板：上海的新天地——石库门民居、北京的后海——胡同巷落、成都的锦里、文殊坊——川西坝子民居。以原有的民居建筑和整体风格为本源，保留原空间体量、传统文化生活片断，置入现代的建筑装饰技术、手法和景观构成，打造一个符合现代人居、休闲、审美和时代需求的公众活动空间。

重庆是一个长江上游的码头城市，一个重工业基地，从地理、地形、地势、气候等自然条件上看，算不上一个宜居的城市。城市文化也常被人片面地理解为码头文化、抗战文化等缺乏内涵底蕴、缺乏历史沉淀的另类文化，甚至有人惊呼重庆是"文化沙漠"，处于文化断层等。走在大街上，我们看到的更多的是生搬硬套的异国风情、生猛的风格定位、无休无止的建筑立面复制……太多的昙花一现、哗众取宠的快餐风景，扰乱我们的视觉，异化了我们的审美，麻木了我们的心灵。传统文化本源的探求，人文建筑、景观的回归在市场化的房地产大流中与我们渐行渐远，让我们的追忆带着浓浓的惆怅。

所幸的是，洪崖洞的建成，给我们带来了酣畅淋漓的视觉冲击和精神盛宴。洪崖洞位于重庆市核心商圈解放碑沧白路，长江、嘉陵江两江交汇的滨江地带，建筑群沿江全长650m，建筑群落差达75m，总建筑面积6万m^2。以重庆明清时代的吊脚楼建筑为原型，依山就势，沿江而建，用现代的建筑结构形式打造高度达到11层的吊脚楼。将重庆独特的巴渝民俗文化、山城民居的建筑文化、码头文化糅合于一体，改变洪崖洞原有的吊脚楼山地民居功能，创新地赋予其商业功能，把这片反映了重庆历史和文化的吊脚楼民居改造成集国际水平的餐饮、娱乐、购物、酒店、演艺等功能为一体的旅游商贸中心（图1~3）。

"因水而生，顺崖而长，高低错落，依山就势"的洪崖洞民俗风貌区让我们有机会去凭吊"悬崖上的吊脚楼"，见证"记忆中的老重庆"。通天接地、古韵新风、天人合一、老街老巷、青砖雕梁，一天之内，穿越三千年巴渝文化，方寸之间，纵览千里巴渝大好江山。借重庆传统民居——吊脚楼为代言，立足于重庆本身独特的生活形态，以建筑形式和空间构成体现文化传承，表达对重庆文化独有的尊重与膜拜。古老的洪崖带着一种久违的感动，流泻精致灵动的苍翠，谱写映阶碧草的新绿，唤醒一座城市的自然记忆，构筑诗画一体的完美交响。人文精神与山水情怀的水乳交融，让人感叹、流连、驻足、遐思……（图4~6）

勒·柯布西耶在《走向新建筑》一书中写到"人的原始本能就是找一个安身之所"。在住区的景观设计中，设计目的和市场价值正体现在如何创造一个宜居的居住环境，同时赋予具有地域性和时代感的人文关怀。我们在做住宅花园景观设计的时候作了一些初浅的探索和实践。

一、渝海·巴渝世家

渝海·巴渝世家具有典型的重庆主城区楼盘的地势特点。沿江靠半山坡依原始高差作10层高的旋转车库和人行辅助通道，四幢30层的塔楼沿城市主干道纵深排列，主入口通过骑楼上到车库屋顶，仅有一个不到5000m²的空中花园。这方寸之地必须涵盖住户休闲、健身、儿童游戏、绿化植景以及消防通道，更重要的是景观设计必须围绕"巴渝世家"这一地域性极强的名称进行文化历史内涵的阐释。在这样的一个基地中，我们将中国古典园林的造园手法和审美取向贯穿设计始终，并将巴渝传统建筑的典型构成元素作为造景片段置入其中，将人文记忆渗透于住户的日常生活中。

1. 框景、藏景、借景、拟景的设计手法

入口骑楼下，是一段过渡的灰空间，吊顶采用传统的穿斗构架形式，有深宅大院的门厅之形，沿建筑山墙一侧做成拟自然的山貌水景。骑楼作为一大尺度的取景框，通畅的视线与实在的塑石景相遇，塑石壁上做成亦真亦假的黄桷树景，古朴而俊雅，同时又暗合了传统大宅门的影壁，登堂入室也需委婉而含蓄。绕过塑石壁，则豁然开朗，形成空间对比，这种先抑后仰的视觉感受和空间体验也彰显一种"世家"的尊贵品质(图7)。

2. 借景喻情，抒发巴渝情怀

花园靠室内游泳池处，做成景石落水，形成蜿蜒小溪，"上善若水"，"智者乐水"，水体景观对于体现一个花园的人文情怀有着不可替代的作用。在不扩大水景区域的基础上，将池岸做成蓝色系的铺装，水未满而有溢之惑，小尺度的水体也可做到灵动而激昂。在休闲活动广场旁，设砖石、木作制成的景墙进行空间的分割，透空的景墙后竹丛绿意昂然，有着"山穷水复疑无路，柳暗花明又一村"的遐思(图8)。

3. 粘贴典型文化"标签"

在完成整个花园的场地规划、功能布置、绿化搭配的同时，将巴渝传统建筑结构中可识别的元素做成入口门廊，在建筑的外立面上加入体现城市原始风貌的艺术壁雕，并在灯具，标识，公共家具中引入古典的符号，将人文景观设计的理念贯穿于整个花园的各个角落(图9)。

二、万州百安花园

万州百安花园地处重庆万州市长江大桥南桥头，依山傍水，风景秀丽。在得天独厚的自然环境氛围的烘托下，百安花园的景观设计意在倡导和构建"新长江人居岸景文化"的主题，也正是巴渝文化与三峡文化的自然结合与延续。"半山骏逸、江风入画、立体生态、健康人居"，作为景观设计的宗旨和目的，带着从容闲适、淡定宁静的悠长意境，体现以人为本，天人合一的思想，构筑健康，舒适，时尚的人居场景(图10)。

1. 建筑美与自然美的融合

宜人的居住环境，山、水、植物及人造景观，都是其重要的构成元素。依托自然山形水势，注重生态保养，创造富有生活情趣、时代特色、地域归属的人文景观是我们的出发点。百安花园的建筑规划，

7. 塑石壁
8. 小区水景
9. 艺术壁雕
10. 百安花园总平面图
11. 入口踏步剖面图

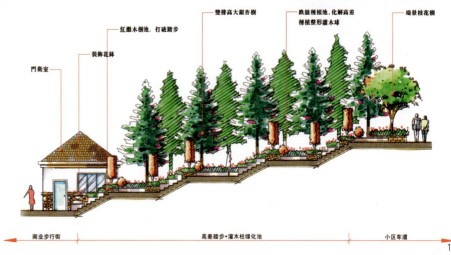

12. 园景
13. 花径叠翠
14. 半山清逸
15. 入口广场平面图
16. 船锚

充分利用原生态山形地貌，在整体地形相差40m的半山坡地上建造15栋高层建筑，建筑造型简约现代，线条挺拔，依照地形错落排列。景观设计中构成要素与建筑造型彼此协调，相互补充，在总体上使建筑美与自然美、景观美融合起来，达到一种人工与自然高度协调的境界——天人和谐的境界（图11）。

2. 源于自然，高于自然

在中国古典园林中的造园宗旨上，景观并不是一味简单地摹仿自然，而是有意识地加以改造、加工、升华。百安花园地处长江以南的岸边，御江景、观江景，具有良好的自然景观依托。我们在设计中构筑花径叠翠、飞珠落瀑、半山清逸、栈山临风等景观场景，采用浓缩的景观形态，丰富多样的景观小品和植物搭配，处处散发着浓郁的巴渝风情和三峡人文精神，如观宁河晚渡，似醉巫山云雨，表现一个精炼概括的典型化的长江岸景文化景观，达到源于自然又高于自然的目的（图12~14）。

3. 诗画的情趣

景观是一门综合的艺术形态，将各种艺术融会其中，使得园林景观从总体到局部都蕴涵着浓郁的诗情画意。百安花园的整体地形呈双向坡，建筑、道路、景观都依地形而设，形成了独特的坡地树林、叠落花卉，加上错台式草坪和装饰堡坎，打造出一个有良好空间感和立体感的绿化景观带。这样的景观带伫立在长江的山壁之上，真正是"江水奔流，清风拂面，夕阳西下，堤边漫步，亭台处，有斜风细雨"，让人不想离开。置身其中，坐在宽大的露台上感受"水榭枫亭恣胜赏，红裳翠盖共怡情。"；在花径小道间漫步，观赏洋溢着巴渝风情的亭台木榭，荷塘晚憩，桂花巷陌，玉兰树阵，叠翠流香、趣石魅影；在花园的每个角落又可听"瀑布声；碎玉声；琴调悠扬，诗韵清绝"……宛如一幅令人心旷神怡，层次分明的东方园林的水墨丹青（图15）。

4. 意境的蕴涵

百安花园坐山拥水，采天地之灵气，我们利用场地的自然高差以及道路系统串连各景观区域和活动区。根据标高的差异和景观区的特色，将景观的"起"、"承"、"转"、"接"、"合"等构成形式，与道路的串连和空间的变化有机地组合为一体。通过对巴渝文化与三峡文化的挖掘、解构、拼解、组合，打造新长江岸景文化形态以及浓郁的文化氛围。将船锚、鱼网、纤夫石等典型的地域人居的平常物件，以抽象雕塑和壁刻等景观构成手法，置于花园之中（图16）。在不经意的擦肩而过之间，还原了古老的生活情节，唤起了人们对传统文化的记忆。人居其间似有飘逸之感，时空转换似在一念之间，观大江东去，赏两桥飞渡，品滋润生活，一派诗情画意的豪迈景象，让人顿生"指点江山，笑傲人生"的豪气，真是静止的风景，生长的文化。

*摄影：梁爽

作者单位：重庆市爽艺景观环境艺术有限公司

南海中轴线水广场
——千灯湖，萦绕山水灵气的城市新客厅

Axis water plaza in NanHai
Thousand lantern lake, an urban living room

俞沛雯 *Yu Peiwen*

中心广场景观设计通常是展示城市活力与魅力的有效手段。一个城市的中心区就像一张名片，展示的是人文精神与地方环境的互动，令来访者对当地的风貌产生深刻的印象。凭借"鱼米之乡"、"著名侨乡"的底蕴和广佛都市圈地理位置的优势，佛山南海市在近年来的城市建设上有着迅猛和广阔的发展。其中城市中轴线是南海城市中心区的灵魂所在。

2002年，SWA景观设计公司与中规院深圳分院合作规划了南海的中心区，建立了以雷岗山为对景的中心轴线，其两侧从里到外依次布置商务休闲，金融商业，文化办公，住宅公寓等用地内容。中轴线上的连续水道形式开合变换，向外延展辐射的开敞空间与这些功能组团交织融合，提供了性格各异的休闲和庆典场所空间(图1)。整体环境的打造为南海市招商引资，提升市民庆典活动的质量起到了极大的作用。

由SWA公司完成景观设计的千灯湖公园位于中轴线水道南端，雷岗山公园北侧，是一处开放型市民休闲娱乐的场所。西侧人民广场大草坪以及柱廊、竹林，尺度宏大，多次在当地灯节、花市等节日庆典使用(图7)。水道边的广场、台阶和水中的亭台为游人提供了亲水、观水的空间(图2~6)。水体两侧的连续步行道从南到北贯穿整个滨水空间(包括北侧商住公寓开发用地的滨水地带)，提供了一个完全共享的水景界面，步行路线畅通无阻(图8)。结合地方公园维护运营的特点，一些喷泉元素的设计考虑到了"干湿两用"的雕塑效果。景观的风格处理上，除了上述公共开敞空间设计的基本原则，建筑的风格也希望从中国传统园林建筑中吸取精华，并抽象为现代建筑语汇。景观的构筑物、照明元素等均为千灯湖特别设计，风格中体现了动感活力的现代风格。基础部分采用了不同完成面石材，试图传递一种历经风霜的坚实的历史感(图9~10)。项目获得了2006年美国景观建筑师协会优秀设计奖。

图片来源：南海区规划局(图1)
SWA景观设计公司，摄影师：Tom Fox(图2~10)

作者单位：美国SWA景观设计公司

1. 鸟瞰图

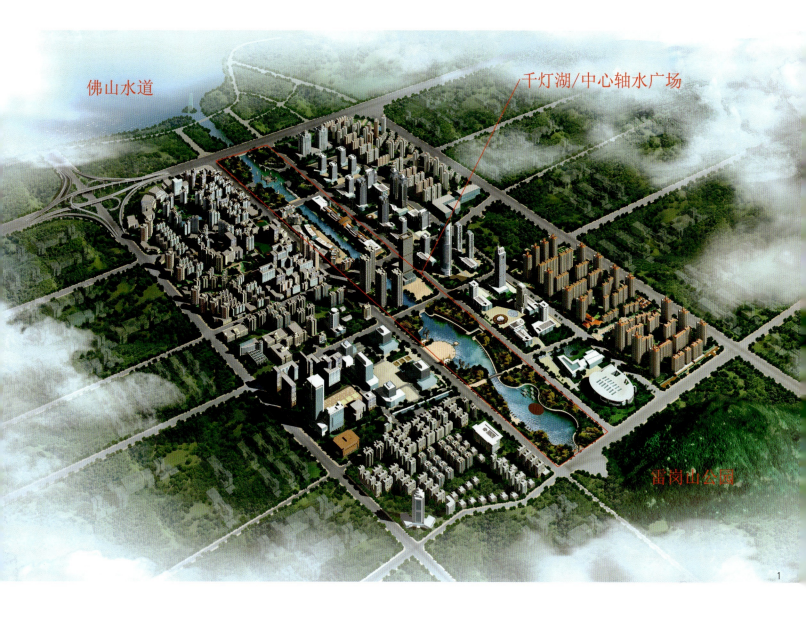

佛山水道
千灯湖/中心轴水广场
雷岗山公园

2.亲水平台夜景
3.桥
4.柱廊及亲水平台
5.水边步行道
6.水面夜景
7.广场大草坪夜景

8. 步行道夜景
9. 亭台剖立面图
10. 柱廊节点详图

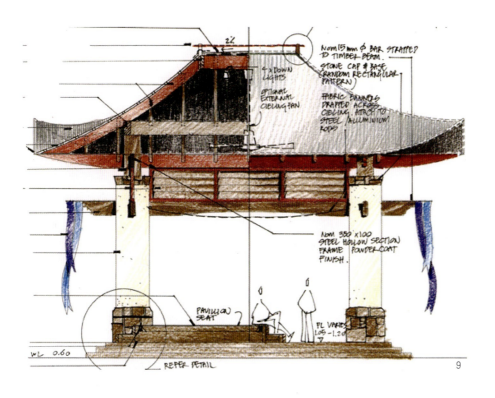

9

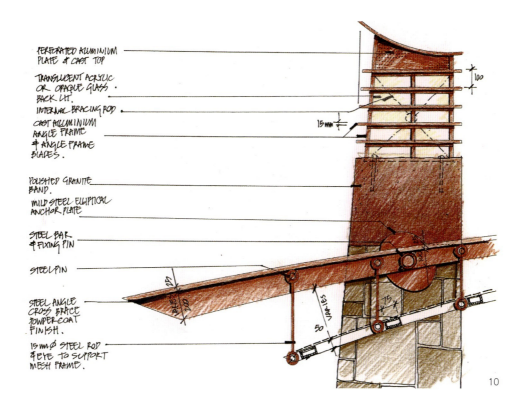

10

艺术的生活空间
——中海格林威治城景观设计概念
Artistic Living Space
Greenwich City Landscape Design Concept

中海兴业(成都)发展有限公司
COBD HOLDING (CHENGDU) CO., LTD.

引子

格林威治村——艺术的聚集地

"格林威治村"是美国19世纪连栋式的住宅和大树林立的街道，艺术家汇集之地SOHO，此区最引人注目的是高密度的铁铸建筑，区内受浓厚的艺术气息的影响，各店家的货品多以创意及设计取胜，使得此村散发着大城市中难得的小镇风味，此区也是纽约人文艺术的重镇。

一、中海格林威治城景观设计概念

在确定"格林威治"风格的基础上，结合本土文化，在外部空间的塑造上强调"格林威治"的艺术氛围，在内部空间的营造上注重步移景移，小中见大的景观效果，力求创造一个对外有品位有格调的城市空间，对内有景可赏、有景可游的生活空间(图1)。

1. 文化意义

设计希望利用基地本身的文化底蕴，创造出具有休闲意味的自在空间，吸引艺术家、设计家、诗人等文化群体聚集，提升小区的文化品位，使之成为成都的"格林威治村"。对小区各部分的定位分别是：富有休闲情趣的太平南路购物内街、时尚流行的望江路购物街和休闲舒适的小区住宅环境。不同区域采用不同处理方法，根据空间特点、充分利用植物、小品等景观语言传递文化信息，实现人文内涵的彰显，产生精神上的共鸣。

2. 生态意义

园林植物规划给小区提供一个良好的生态环境，在减少噪声，净化空气，改善小区微气候，提高舒适度，增加人体健康等方面都起着积极的作用，植物种类选择适合本地区生长的、有观赏价值的易管理的乡土树种。设计中我们强调人与自然的和谐互动，小区内以女贞、银杏为基调树种，配合特色季节的特殊树种，使业主们能充分感受到四季的变化，使之可游、可息、可赏。

3. 功能意义

从满足不同年龄层次的居民在室外环境空间活动的各种要求，对环境进行综合性规划，为老人、儿童、成年人设计室外活动、锻炼、游戏等各类场地，使业主们各得其所，乐在其中。

4. 审美意义

在各类绿化空间里享受优美的视觉景观效果，体会环境的意境美、情趣美，消除现代都市生活带来的精神疲劳，陶冶性情，满足居民接近和体会自然的心理要求。

二、景观设计节点

1. 太平南路商业外街——简洁明快的现代手法与城市空间呼应

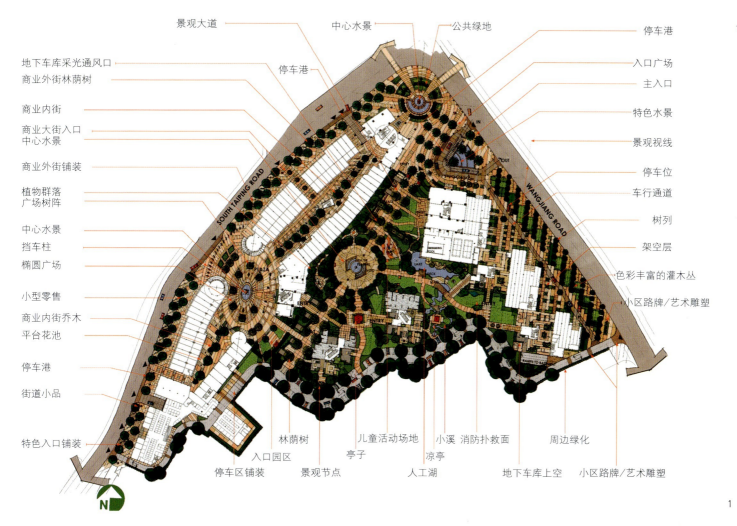

1. 总平面图

商业外街在设计上采用简洁大气的设计手法，以明快的斜向线条作为基本构图元素，在铺装色彩变化上讲求节奏感，从红色到黄色的暖色调系列很好地烘托了商业氛围。外街广场上间隔布置的花坛在大面积的硬质铺装上点缀了绿色的装饰，软化了整体外部空间，侧立面呈弧形的花坛边缘在直线条的基调上增加了流线的动感。高大棕榈科植物穿插在外街广场中，和装饰以旗帜的路灯共同形成竖向的景观元素，这些棕榈科的植物具有挺拔的树姿，较高的分枝点使得植物不会对建筑立面形成遮挡。在节假日的时候，还能成为装饰彩带、彩灯的最佳载体。

夜晚降临的时候，广场地面上会亮起点点的灯光，与建筑物内的灯光交相辉映，共同形成了热烈、温馨的商业街氛围。

2. 椭圆形商业广场——对充满艺术氛围的华盛顿广场的怀念

商业广场是培根走廊商业内街的入口广场，广场整体的椭圆形构图很好地结合了两部分的商业内街以及小区的入口空间。发散状的铺装分隔具有强烈的引导性，吸引人们进入内部的商业空间，为了加强广场的围合效应，在环向上一圈大乔木环绕着场地中心的旱喷泉广场，旱喷泉的水有节奏地涌出，周围的雕塑灯柱色彩鲜艳，更有滑稽幽默、形态逼真的踩高跷艺人的雕塑矗立广场中心，仿佛又回到上世纪初的华盛顿广场，在观看那些才华横溢的街头艺术家的表演。

在旱喷泉不喷水的时候，中心的广场可以作为临时的舞台或展示台，以适应大型游乐活动或商业展示的需要。

3. 培根走廊（商业内街）——小资的波西米亚风情与艺术家的聚集地

椭圆广场把培根商业内街划分为东西两个部分，依据商业业态的不同，两个内街广场也有着各自不同的风格和景观处理。东侧商业内街的商业业态以小酒吧和小型店铺为主，景观的风格也充满了小资的波西米亚风格，注重小空间的营造。整体的地面铺装延续了外街广场的色调和构图，与外街的方形花坛类似，在街道中央，以升降梯为中心，向两侧发展出数个矩形空间，与外街不同的是在这些矩形空间内分别布置以临时售货亭，精巧细致的水景和花池，围座形的圆桌和长椅被适宜地安置在这些小景观的周围，形成了可以驻足停留的中心休闲区。你还可以不时地在中央花池内种植的大树的树干上发现一个爬树的小女孩（雕塑），在水池边的长椅上发现一对悠闲的情侣（雕塑）……这里的一切，都充满了对生活的热情和对艺术的追求。在内街两侧靠近店铺的区域以精美的地面铺装形成人行的区域。

4. 圆形广场（市政公园）——城市广场的地标

2.景观亭
3.跌落型水池
4.喷泉雕塑
5.喷泉

在太平南路与望江路的路口形成一个圆形的强烈的内聚效果的广场，在功能上既是市政公共的小型公园，又是商务楼的入口广场。圆形同心圆的构图具有强烈的向心性，使得广场自然地成为这一区域的中心。在环形的绿化带中共有六个径向的步行道路，分别联系着沿太平南路商业外街广场、太平南路对面的城市空间、临河的亲水平台（拟建）、望江路、树阵广场、商务楼入口空间六个不同性质的空间，充分发挥了人流引导和分散的功能。

广场中心是一个别致的喷水池，螺旋状上升的中心小圆水池的背景是有着跳跃的交叉喷水的圆环水池，以及水池后整齐排列的环形树阵。整个螺旋水池以绿色花岗石装饰，水从中心喷水口喷出后均匀地落在石材表面，薄薄的水流顺势滑落，安静的水流与其后热闹的喷水相映成趣。周围的小型绿地内设置数个休息长椅，可在一片绿意之中，欣赏跳动的水景，在这个喧闹的城市里形成一个安静别致的小空间。

5.望江路商业外街及临街绿带——幽静的环境空间

沿望江路一带的商业相对高档，需要营造幽静、典雅的环境。在平面设计中，包括扩大到道路边缘的10m绿带内采用与建筑平行的线条布局，使之和建筑成为统一的格局，并且统一的方向保证了两个架空层的视线通道。斜向的线条以2.5m为模数，正好满足停车的需要。绿带内穿插于绿带内的汀步保证了沿望江路方向的步行通道。在绿带的树列排布上，采用从低到高的序列，形成有趣的空间。

绿带的内侧，同样风格和构图的景观一直延续到架空层内部。讲究中心的景观格局既保证了沿街景观的统一风格，又形成了各自商务楼出口的对景。

6.会所外花园——会所的景观前室

此区域作为会所的前花园，是会所在室外空间的一个延续。依据地下车库采光通风井与行道树所限定的空间，在会所入口的对景面形成规整对称的小空间，以水景为中心，精美有层次的花园分布两侧，共同形成会所大堂美丽的景观面。向园区内延伸的两个小空间分别为不同风格、不同格局的户外休闲空间，其一为绿树草地之后的闲坐区，让人充分享受户外的阳光和绿意，其二为木平台之上，以整形灌木划分的围座形活动空间，给业主提供了一处户外的棋牌、小聚空间。在这些小空间的后面都有高大的乔木作为背景。

从景观大道向会所延伸的步行道路采用虚实结合的铺装形式，在道路中间以汀步的形式出现，保证了绿地的延续和统一。

此区域内的地下车库的采光通风井为两段式设计，一部分位于地下车库车道之上的为玻璃天窗，延伸到车位部分的为落地式景观，在地下镂空的位置设置种植槽种植花草树木，使地下车库不仅有阳光与清风，更增添了一份绿意。

7.景观大道

从主入口进入园区将经过一条4m宽的景观大道，这条景观大道贯穿了会所外花园、中央公园，并连接了沿望江路和沿太平南路两个主入口空间。

大道从入口除向园区内部逐渐升高，形成上升的趋势，也是象征着小区业主的生活节节高升。

整条大道的铺装以石材为主，色彩上与外部空间的铺装协调一致，保证了从外到内的景观的协调一致。道路两侧的林荫树为大道形成绿色的天篷，行道树的树坛高度适宜，可供人小坐休息，享受绿荫下的美好感受。

穿越中央公园的大道在景观处理上逐渐软化，两侧的行道树也融入整体的绿地之中，在形成与太平南路入口道路相交的小广场之后，这条长约150m的景观大道结束于尽端的雕塑。

8.小区中央公园

中央公园为景观大道的中部扩大而成的圆形花园，圆心位置上是一直延续到地下车库的跌落型水池，水池中央是一座象征格林威治村的主景雕塑。在水池的一侧是造型轻巧别致的景观亭，亭的顶部由两层树叶状的构架组成，背面为风格质朴的石墙。亭的两侧有着扩展开来的木质平台。一侧的亲子乐园内质地优良的游乐设施为儿童们提供了户外游乐的场地，而照看他们的家长则正好在草地上的木质平台悠闲地休息（图2~5）。

9.室外游泳池

室外游泳池区域将园区内的休闲氛围演绎到极致。宽约10m，长近40m的曲线形游泳池分为游泳区和戏水区。游泳区的水深从0.6m到1.50m，游泳池靠近会所一侧的池边设置有木制的平台，可放置休息躺椅，亦可通过池平台与会所室内游泳池有很好的空间交流。戏水池呈圆形，与一侧树林假山上流下的小跌水似连非连。泳池靠近道路的另外一侧池壁采用自然的池壁形式，以自然的山石跌砌而成，和周边的绿化浑然一体，仿佛丛林里的一潭碧波。

10.架空层景观

园区中央的住宅单元底层架空，不仅保证了园区景观的连续性，也提供了变化的景观空间，更可成为遮风避雨的活动场所。两个架空层内结合建筑墙体划分分别形成绿化空间、流水空间、休闲空间……在装饰的风格和主题上分别以"音乐""书籍"为题材，再现格林威治村最具特色的文化艺术。小品、雕塑的布置也与之呼应，以仿真人物的形式再现当年格林威治的风貌，同时也加强了小品的参与性及互动性，使之融入生活。

三、植物群落的配置

本小区植物设计上考虑本区域的气候条件，及园中各区的不同需求，以乡土树种为主，景观树为辅，创造符合设计理念的种植配置。

在中心广场及小区入口主干道，乔木选择树杆挺拔的树种，灌木选择色彩丰富的树种，来配合广场的几何特性及创造入口之意象。

建筑四周以不同的植物配置，突出各区的特色。例如以银杏、桂花、茶花、紫薇为特色树种，形成各区的主题。以木兰科（白兰花、紫玉兰、广玉兰、含笑、乐昌含笑等）、槭树科（三角枫、红枫、青枫等），多种植栽的集合使各区成为"小型主题植物园"。设计时在相邻区的公共空间，其主题树相互渗透，使各区景观不孤立而具有连贯性。

植物配植在强调景观特色的同时亦考虑了以人为本的设计原则，营造三季有花、四季有景的景观氛围，使业主充分享受到小区绿地的生态效益。

都灵2006奥运村规划与设计
Torino 2006 Olympic Village

本雷多·卡米拉纳 Benedetto Camerana

2002年11月，都灵奥运村国际设计竞赛宣布结果，在原水果蔬菜综合市场旧址修建的运动员村方案胜出(图1)。

运动员村被划分为几个不同的部分，由来自欧洲各个城市(包括巴塞尔、柏林、伦敦、里昂、米兰、慕尼黑、巴黎、维也纳以及都灵)的成员组成的国际团队共同完成，他们在Benedetto Camerana及合伙人Hermann Kohlloffel的协调下，为项目注入了各自在建筑设计和工程领域不同的文化背景和综合经验。因此，多元性和复杂性是该项目最贴切的特征。

获胜的设计团队包括：Benedetto Camerana, Albert Constantin—AIA注册建筑师，Derossi associati事务所的Piero、Paolo和Davide Derossi, Hugh Dutton—HAD, FaberMaunsell, Angela Maccianti, Inarco事务所的Emilio Barone和Cristiano Avalle, Carlo Perrgo di Cremnago, Agostino Politi, Prodim事务所的Massimo Rapetti, Giorgio Rosental 及Steidle und Partners事务所的Otto Steidle 和Johannes Ernst。

在方案获胜之后，还有其他建筑师加入团队，包括：Diener+Diener, Atelier Krischanitz, Ortner+Ortner, Hilmer+Sattler(顾问建筑师)和创作色彩方案的艺术家Erich Wiesner。

奥运村综合体由三个具有不同主题，但是完整结合的部分组成。第一部分由Constantin, Camerana, Rosental设计，主要涉及对原综合市场的重新利用。此处的原有建筑是建筑师Umberto Cuzzi的作品，修建于1932~1934年，是混凝土理性主义建筑的典范。新项目在这个区域内设置了一个25000m^{2}的服务中心，既是各条通道的结点，又是一个具有高科技风格，同时吸引人的聚会场所。在奥运会期间，这里设立了鉴定中心、后勤中心、会议和访问室、小型购物中心、2600座餐厅、医疗中心和健身休闲区域。第二部分由Dutton和Camerana设计，为一座很长的悬空步行桥，跨越整个铁路设施，连接两个被隔断的城市区域。一个巨大的红色的拱拉结桥的悬索，邀请人们穿越铁道，成为了整个综合体的形象标志。纯粹而具有冲击力的视觉效果使其成为都灵冬奥会，乃至整个城市复兴的象征。第三部分是容纳2500人、750个公寓单位的居住区，其分为三个部分，3、4、5三个地块分别由Steidel、Camerana和Rosental、Derossi设计。这个部分的总图是由所有参与项目的建筑师公开讨论决定的，同时借鉴了对Steidel最近为慕尼黑所做的方案的反思。最终的方案把城市街区划分成35个独立建筑单体，每座5~8层，采用棋盘状布局。在总图框架内，每个主创建筑师有充分的自由表达各自的建筑理念。

开放的城市设计方案力求赋予这个新的综合体更多的生活气息和生活情趣。在这里，各个住宅建筑同一系列城市公共空间互相穿插，包括广场、庭院和花园，他们以连续的空间线索相连，沿途提供了一系列望向Lingotto的景观

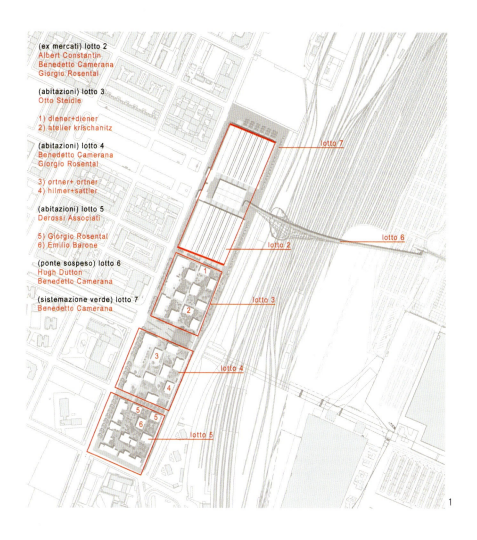

(ex mercati) lotto 2
Albert Constantin
Benedetto Camerana
Giorgio Rosental

(abitazioni) lotto 3
Otto Steidle

1) diener+diener
2) atelier krischanitz

(abitazioni) lotto 4
Benedetto Camerana
Giorgio Rosental

3) ortner+ortner
4) hilmer+sattler

(abitazioni) lotto 5
Derossi Associati

5) Giorgio Rosental
6) Emilio Barone

(ponte sospeso) lotto 6
Hugh Dutton
Benedetto Camerana

(sistemazione verde) lotto 7
Benedetto Camerana

建筑以及山景的观景点。

强烈生动的色彩赋予整个综合体可识别性和归属感，同时亦赋予了每栋建筑单体以个性。建筑师通过技术努力，使建筑物具有了生态节能的优良品质。建筑群连接城市街区的供热系统，采用太阳能板，被动太阳能和通风系统，以及地热、中水系统和密闭隔热等技术措施。

一、服务中心

在对原建筑的改造方面，Constantin、Camerana和Rosental从研究Cuzzi的设计特征着手，准备强化原设计的特色。同时考虑到奥运会之后的功能尚没有确定，新建筑必须比原建筑在功能上具有更大的弹性。

因此，项目本身只需要对原建筑进行基本修复，保留原有空间和交通系统的结构，以利用其内在的功能性。最主要的、真正意义上的改动是用玻璃围合现有灰空间，以及朝向主要街道开设出入口。这些改动颠覆了原方案中城市相对隐蔽的特征（图2~3）。

原建筑中最重要的部分是南北两侧的拱廊，具有非凡的尺度和空间价值，好像是具有天光的大厅。混凝土板被纤细的富有寓意的拱支撑，优雅地排列，是Cuzzi设计中最出彩的部分（图4~5）。正因为如此，新设计加强了拱顶的室内效果，让每个单元7个拱中的3个完全独立出来，仅作为连接体，其中2个为带顶的街道，另外一个是室内走廊。室内空间则由巨大的拱形窗围合，重复Cuzzi的设计主题。同时围合部分退到第二条轴线，让面向中央广场和住宅的端头开放，形成一系列柱廊。

平面重新调整之后创造了25000m²的围合或遮蔽空间。其中高的部分被用作运动员和新闻工作者的服务性空间（包括餐厅、健身房和鉴定中心），相对低一点的部分被用作技术支持用房。因为招标文件中要求扩大原有面积，所以项目还加入了一些新建的带拱的夹层，采用钢和木头的轻型结构，明显区分于原有混凝土拱，并且便于拆卸。

中央屋顶是新建筑中另外一个重要的部分。其被戏称为"飞机"，伸出两翼，轻巧纤细，覆盖了广场的一侧，形成强烈的视觉形象（图6）。为了达到封闭灰空间的要求，同时保留原混凝土屋顶漂浮在空中的效果，建筑师设计了玻璃立面，类似锯齿状的折纸排列，可以独立支撑。

最后要提到的一个部分是对原有的塔的修复。这座塔被复原成原本的形象，矗立在原地，同新设计的桥拱在一起，形成具有象征意味的对话：从20世纪30年代到新的千年。在保留这些建筑遗产的同时，建筑师也拆除了两座很长的建筑，因其简朴立面强硬地隔断了与城市的联系。为了改变这一点，建筑师重新设计了两座同样低矮但是很长的建筑，采用玻璃立面，完全对街道开放，同时后退了10m，形成类似林荫大道的人行道。最后，还拆除了造型漂亮但是没有办法使用的装卸平台，其原本是在Zini大道下的隧道。

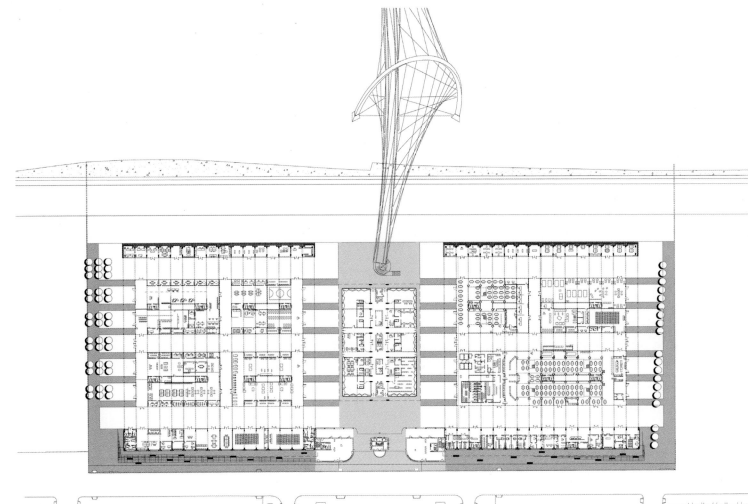

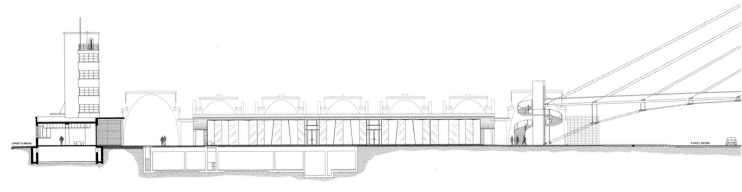

2.服务中心区域全图
3.服务中心立面图

4.改建后综合市场拱廊结构
5.改建前的综合市场立面图
6.改建后的服务中心立面图

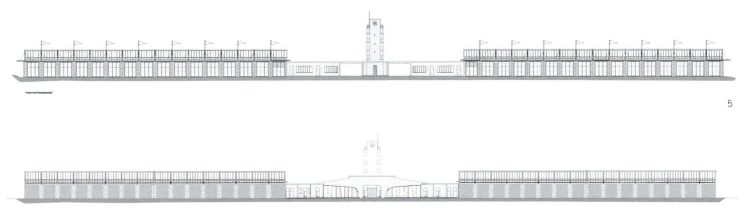

二、公寓住宅区地块3、4

地块3和地块4的规划非常严整，每个地块上布置13座建筑。为了向主要城市界面展示更高的密度，建筑相当紧凑地布置在从Giordana Bruno到Pio VII大街的轴线上。然而，在地块内部，建筑物却各自独立，以棋盘的模式布局，从而加强了在建筑之间的对角线空间内望山的视觉效果（图7～8）。由开放空间、联系空间、花园和小广场组成的系统是这个具有多元性的城市设计方案的精髓，这个系统将为未来的使用者带来居住的活力和乐趣。这两个地块内的建筑都是6～7层高，沿主要街道的首层部分用作奥委会办公室。面向街道的巨大的窗户和面向花园的几乎不间断的条窗，减少了视觉阻挡，增加了透明感。中心花园广场位于两个地块中间，可以用作多种休闲运动的场地。地块内所有的建筑物均采取了具有独创性的色彩设计，使用明亮色彩的抹灰。既增加了整个综合体的可识别性和多样性，又赋予每栋建筑以个性，同时引发了积极的心理效应（包括愉悦感、活力和平静），这些作用可以帮助缓解很多城市中出现的普遍问题。此外，Steidel、Camerana和Rosental又邀请了4名客座建筑师，每个地块上由两名建筑师各选择一栋单独建筑在保持体量和位置的前提下进行设计，以强化整个建筑群的变化。这4位建筑师包括Roger Diener，Heinz Hilmer和Cristoph Sattler，Adolf Krischanitz，和Manfred Ortner，他们以各自的方式为项目作出了贡献，丰富了这个可以号称为欧洲住宅建筑产品目录的项目。与其他建筑师的作品不同，他们的作品仅使用白色和灰色，以示区别。

Steidle设计的地块3的建筑中，最基本的想法是内部之间的对话（图9～10）。入口大厅跨两层，楼梯的位置进行了特殊设计，使内部空间形成潜在的聚会场所。这些是"夹在中间"的部分，也是建筑空间感受中的交叉部分，在这里公共空间和私密空间不期而遇，自然而不露痕迹。

地块3的住宅建筑包括多样的类型。一、二层的布局好像是"房子里面的房子"，布置2套双拼公寓，有各自的独立入口以及背面的门廊。中间层的户型靠角布置以增加采光面，同时设宽敞的阳台，以增加生活情趣。五层以上后退，衬托屋顶的造型，同时提供露台和凉廊。屋顶挑檐的深度则刻画出建筑的外轮廓。建筑立面上，窗按棋盘状布置，即使内部平面相似，也被赋予一定的个性。立面上抹灰的开口，在透明和不透明之间寻求了良好的平衡。

另外，新住宅建筑拥有宽敞的开口，并采用木条，安装了被动太阳能采暖和制冷系统，增强了建筑物的生态节能效益。

地块4上同样容纳了不同大小的住宅单位，在不同楼层上有8种不同的户型，具备居住和社会结构上的弹性。内部户型的多样化直接反映在立面上，立面上有弓形窗、连续的线脚和带来不同的明暗效果的悬挑遮阳设施（图11～12）。

地块4中建筑的所有窗户都是落地的，保证充足的照明。项目对意大利本土建筑的百叶窗元素进行了新的阐释，可以沿墙内安装的槽推动，不仅可以起保护作用，同时可以带来立面的变化。地块4上的建筑还具备太阳能采暖和制冷系统，冬季保温，夏季则可增加通风量。

从研究城市建筑同当代艺术的关系的角度出发，我们可以发现地块3和4上的建筑所具备的最基本的特点是浓烈大胆的色彩（图13～14）。都灵被广泛认为是意大利当代艺术之都，拥有在公共空间进行艺术展示的传统。Camerana，Steidle和Rosental从柏林聘请了艺术家Erich Wiesner，通过其对建筑立面色彩的设计，努力使整个奥运村项目变成一个大型城市艺术作品（图15～17）。Wiesner曾经在柏林很多大型住宅社区完成过色彩设计，他把在建筑中运用艺术手法的经验带到了都灵，用现代艺术同建筑对话。具体来说，他选择了11种对比色，然后以富有变化的模式运用到地块3和4的上百个立面中，创造生动的视觉体验，使整个场所成为一个色彩、体量和空间交织的万花筒。

---

7. 公寓居住区第3地块全图
8. 公寓居住区第4地块全图
9. 第3地块建筑立面1
10. 第3地块建筑立面2

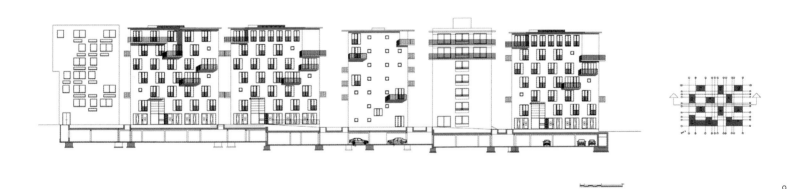
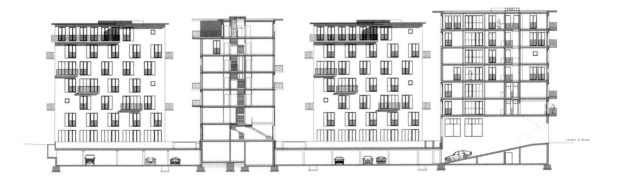

section D-D'

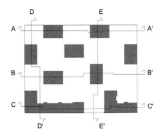

section E-E'

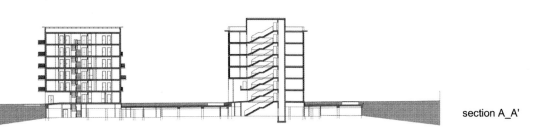

section A_A'

11. 第4地块建筑立面1
12. 第4地块建筑立面2

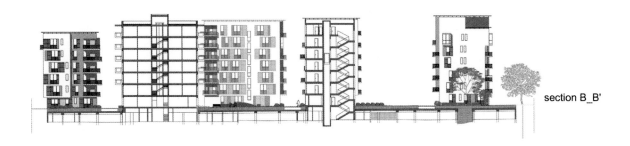

section B_B'

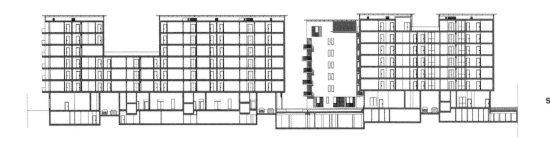

section C_C'

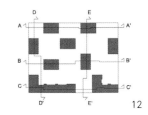

XX GIOCHI OLIMPICI INVERNALI
TORINO 2006

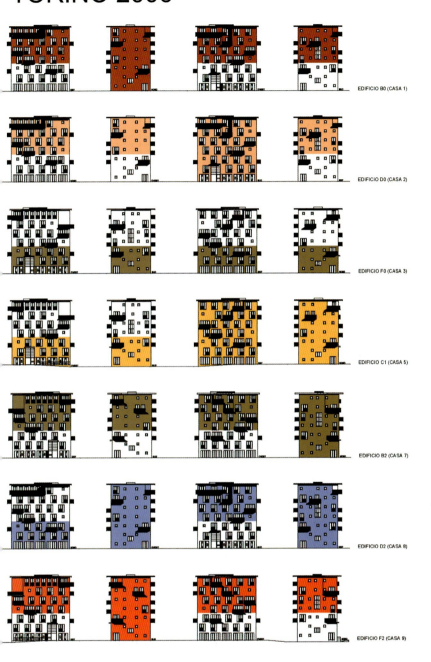

VILLAGGIO OLIMPICO - LOTTO 3
I COLORI DELLE FACCIATE

STEIDLE + PARTNER PROGETTO
BENEDETTO CAMERANA - CAMERANA & PARTNERS COORDINAMENTO
ERICH WIESNER ABACO DEI COLORI

XX GIOCHI OLIMPICI INVERNALI
TORINO 2006

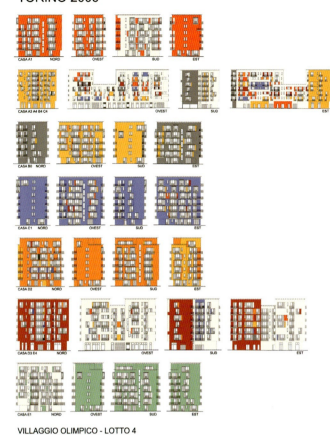

VILLAGGIO OLIMPICO - LOTTO 4
I COLORI DELLE FACCIATE

BENEDETTO CAMERANA - CAMERANA & PARTNERS PROGETTO E COORDINAMENTO
GIORGIO ROSENTAL - STUDIO ROSENTAL PROGETTO
ERICH WIESNER ABACO DEI COLORI

13. 第3地块建筑立面色彩规划
14. 第4地块建筑立面色彩规划

15. 第3地块建筑立面实景
16. 第4地块建筑立面实景1
17. 第4地块建筑立面实景2

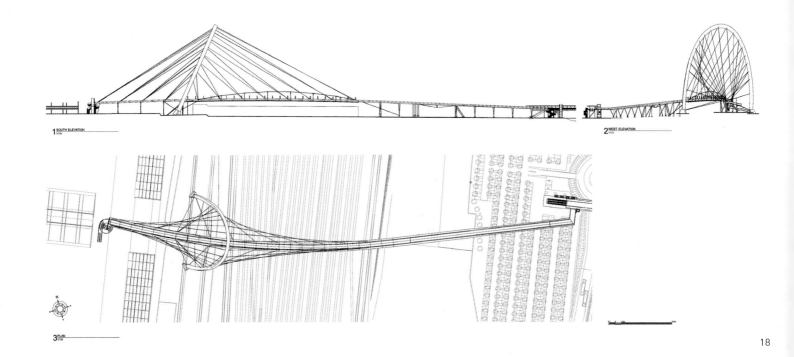
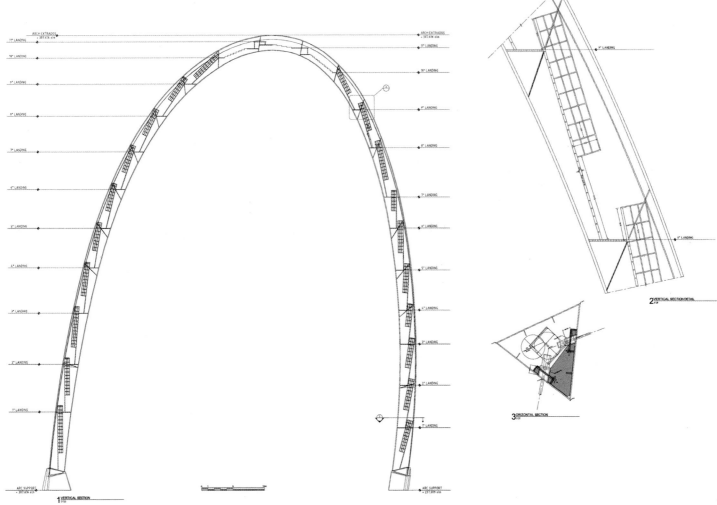

三、拱桥与奥运之弓

拱桥的设计立意于为奥运会和未来的都灵创造特别的、值得回忆的符号。最初，拱桥的概念打动了Dutton和Camerana，因为它具有强烈的象征性，结构清晰，让人很容易就联想到基地上老建筑中优雅的富有寓意的拱。

此桥拱高69m，采取三角形截面，配合悬索的几何关系，向Lingotto方向倾斜24°，随着桥面的曲线自然展开，不对称。桥中间跨度为156m，靠悬索支撑，加上奥运村方向和Lingotto方向的引桥，总长370m。所有构件的形式来自于最基本的功能和材料的运用，力求创造出简洁的造型（图18）。

桥的构造来自自行车轮子的原形，取其轻巧而富有张力的特性。其中拱好像是轮子的边框，悬索好像是辐条，桥的框架好像是齿轮。

桥长超出了原有招标文件的要求，向Lingotto内部延伸，形成了步行道，架在复原了的旧工业设施之上，在奥林匹克城的旗帜下，直接联系两个大的城市复兴区域，力图成为未来都灵的新城市中心。

媒体在奥运会中扮演了重要的角色，这一点要求主要建筑物的设计应充分表达奥林匹克自身的象征性意义。项目最初的首要目标之一就是为奥运村找到一个奥林匹克标志，实施的项目实际上起码有两点会给人留下鲜明而深刻的记忆。

首先是红色的拱，人们从很远就能看到这个强烈的视觉标志（图19～20）。其次是奥运"村"的概念，来自于欧洲不同国家的十几位建筑师联合完成这样一个具有多元风格的混合体。他们带来了对建筑室内空间以及立面处理的不同设计构思，综合成为一个互相关联的前卫的集合体。

项目的生态特性回应了有关可持续发展以及对人的福利的主题。在该项目的建筑设计中，生态性能是考虑的首要问题，力求为使用者带来最舒适的环境，节约能源并且减少污染物的排放。其生态性能建立在以下几个方面：同远距离传热网的联系，太阳能板和温室的运用——附加的玻璃空间具有冬季储热和夏季增加通风的双重功能，和雨水的回收利用——主要用于对绿地的灌溉。

运动员村从方案设计开始就明确表达出通过生态性能为使用者带来最舒适的环境的设计概念。有些住宅设置了被动太阳能采暖和制冷系统，实际上是附加的玻璃房间，冬天密闭吸收热量，晚上提供给室内房间，减少热量消耗；夏天窗户完全打开，设置窗纱和遮阳系统，增加风量，起到通风和制冷的效果。包括沿街的公寓，每个住宅单元都设置了特殊装置，回收房间内产生的热气，通过热泵产生热水。这些都是直接的生态系统。

此外，每个住宅单元还在屋顶上安装了$3m^2$的太阳能装置，太阳能板和储热体系基本上能满足热水的供应。住宅室内的低温散热采暖楼板也同社区供热系统相连。其他的环境保护措施还包括雨水的回收利用——收集排水槽中的雨水到两个地下水池，用来灌溉奥运村里的花园和绿地。

*本文由李文海翻译

作者单位：Camerana合伙人建筑设计事务所

18. 奥运之弓与拱桥的整体规划
19. 奥运之弓结构示意
20. 建成的奥运之弓与拱桥

九年成城，百年承脉
——城脉建筑设计（深圳）有限公司总裁毛晓冰访谈

An Interview with Chief Director Mao Xiaobing,
CITYMAEK AECOM CO., LTD.

《住区》 Community Design

从濒于破产的招商局蛇口工业区设计公司到声名大振的中国建筑设计类综合甲级资质的名牌企业，城脉走过了9年的时间。9年内，3次体制转型，城脉如其名所述，在波谲云诡的市场风云中不间歇地变换自己的面孔，但不变的却是对高品质建筑的不懈追求，以及对客户优质服务的承诺。踏实、稳重、务实、高效是这一团队最贴切的注脚。这也是一家注定要为人瞩目的企业——就在前不久，城脉刚刚被全球领先的建筑工程设计咨询集团AECOM收购，这是一次历史性的跨越。毋庸置疑，城脉再一次彰显了过人的高瞻远瞩，走在了市场的前列。极目楚天，豁达的城脉如何成就今天的凛然高度？又将如何拓疆辟壤、兼收并蓄？2007年11月30日，本刊记者特别走访了城脉建筑设计（深圳）有限公司总裁毛晓冰先生，以期与读者一道从中寻求答案。

《住区》：城脉刚刚被全球领先的建筑工程设计咨询集团AECOM收购，这也是境外跨国集团首次实现拥有中国具有建筑设计类综合甲级资质的品牌设计企业100%的所有权。这次令人瞩目的合作是如何完成的？其中有什么关键性的促进因素？

毛晓冰：我国加入WTO后有一个承诺，就是对外资开放建筑设计市场。实际上外资设计公司在中国做建筑设计已经有相当长的历史，从贝聿铭做香山饭店的时候就开始了。但一个建筑设计的过程不是做一个方案就能解决问题的，而是需要一个相当长的周期，涉及到各个专业的配合。据我们了解，相当多的国外设计企业在国内做一些虎头蛇尾的工作。国家的相关部门对我们这一次的并购相当支持，我理解这是带有一定实验性的，不一定具有广泛的意义。

《住区》：AECOM旗下拥有众多的品牌公司，在交通运输、环境、能源、基础设施、建筑、规划、设计等领域都有涉及。合并后，双方如何形成彼此资源的合理化共享与配置？城脉的企业特质与角色定位将作何转换？具体的业务又有哪些拓展？

毛晓冰：AECOM是一个综合性的、大型的跨国工程咨询集团，建筑设计毋庸置疑也是其重要的业务之一，业务则主要集中在美国和中东。中国目前城市化的速度非常快，在未来的20年内我们将有4亿人口进入城市，这也就意味着中国目前的任务是要再建一个美国。这个市场毫无疑问是非常大的，但专业的建筑师、工程师在国内却是紧缺的。

城脉加入AECOM之后最大的好处就是在很多方面可以得到国际先进技术的支持。比如在建筑工程技术方面，AECOM旗下有Maunsell AECOM和Faber Maunsell，这两家是国际著名的工程设计企业，因此我们在这方面会有很强的技术支持。再如Faber Maunsell，其在可持续建筑，即绿色建筑方面，拥有世界顶级的专家。如果有项目需要，Faber Maunsell会给予技术上的支持。我们在规划和环境设计方面也拥有易道这家世界顶级的规划与景观设计公司，我们之间曾有项目合作。我相信合并以后，双方合作会更广泛。

除此之外，在人才方面，今后我们会有员工交换工作计划，对于城脉的员工来说也就意味着有更多学习的机会。同时，AECOM的信息网络是非常完善的，我们也将尽快融入进去。另外在市场资源方面，AECOM旗下公司彼此协同合作，对不同的客户提供更加完善的全程服务也是非常容易的。

在这个合并的过程中，城脉的企业特质一定会转换。即从一个民营的企业，逐步向一个国际化的企业转换。它意味着两个方面：一是管理的先进化，二是对人才的吸引力加强。AECOM未来还会有市场的扩展，包括对一些企业的兼并。但城脉一定是其在中国建筑设计方面唯一的品牌，将是AECOM在该领域的中国旗舰企业。

业务方面，我们同深圳的其他设计企业一样，这几年在内地市场的拓展方面做了很多工作。目前我们主要的侧重点是华中地区与长三角地区。上海公司已经成立了，坐拥黄金地段，具有一流的工作环境。其他方面的业务我们也会利用AECOM的资源来拓展。比如航空母港的设计，这是AECOM独有的一个业务。中国在未来的10年内，将要建设10个航空母港，包括在蛇口的一个。我们以及其他的兄弟公司将有机会承建其中的一些项目。另外在航空设施方面，AECOM旗下也拥有DMJM航空设计公司。国内在未来10年内，将会建设40个机场，我们也将积极参与。再有就是加强我们原有的业务影响力，比如科教建筑。AECOM拥有企业总部设计的丰富经验，如果有机会，我们也将在未来同兄弟公司有所合作。

《住区》：您和您的团队是如何在9年时间里将濒临破产的原招商局蛇口工业区设计公司改造成为建筑设计知名企业的？城脉的体制、制度、分配方式、奖励机制等有什么特别之处吗？

毛晓冰：我个人觉得不能算是有独别之处，其实我们公司一直是在不断地探索和改革当中的。从体制上来说，我们可能是一个经历了最多体制改革的设计公司，从国营企业到国有控股企业，到民营企业，到现在的外资企业，我相信在中国可能没有比我们经历体制改革更多的设计单位了。为什么要这样做呢？过去的两次转换，第一次是国营到国有控股，第二次是国有控股到民营，体制上证明是成功的，因为企业发展了，发展得还比较快。我们过去的招商局蛇口工业区设计公司才20多个人，发展到现在是200多个人，扩大了将近8倍。从国有企业变成国有控股企业，再变成民营后企业是自由的，但是也有问题，作为全民营机制吸引人才方面受到限制，资金等方面也有限制。

至于我们的薪酬体制，我们一直坚持的是一个稳定的薪酬，我们的员工只要做出了成绩，能力在提高，薪酬一定是稳步增长的。这和很多采取提成制的设计公司不太一样，提成制往往面临什么问题呢？如果单位合同款都收不回来，个人的奖金就可能兑现不了。在我们城脉工作的员工不会有这个问题，他可以稳稳当当地知道今年有多少的收入。我们可能不是最高的，但我们是非常稳定的，我觉得稳定很重要，但是我们也不是铁饭碗，我们有一个比较全面的绩效考核。优秀的人才可以拿到丰厚的奖金同时也有提拔的空间，这种空间我相信今后随着城脉的扩张会更广阔。我们的目标是成为中国最大的设计集团之一，而我们的员工在集团当中会有更大的发展空间。

《住区》：城脉的设计哲学"前卫而经典、激情而典雅"在每个项目中是如何体现的？城脉的服务哲学是"积极创新，精心设计，优质服务，持续改进"，您的团队是如何落实到具体工作的？

毛晓冰：我们不太愿意做"世界之窗"式的设计，我们看到，国内一些城市的楼盘采用仿欧洲古典建筑的形式，手法杂乱。我觉得这是对我们环境的一个最大的污染。因为一个时期的建筑形式折射出那个特定时代的技术、材料和审美等各种因素。我们现在这个时代，所有的背景都是不同的，我们现在应该做的是适合我们这个时代的东西。

就是说，我们希望我们的作品是前卫的，所谓前卫是走在时代前面的，但是在创意上又不会脱离现实，同时希望它有一个经典、耐看的效果。所以我们希望用现代的材料和现代的手法来表现古典文化的精神。比如说星河世纪，你们可以发现它是非常精细的，各个部分的比例、虚实对比等都符合建筑学以及美学的基本原则。我们的设计要体现激情与创意，同时离不开精细典雅。所以说为什么是"前卫而经典，激情而典雅"，前卫、现代当中具有古典精神，激情当中具有典雅内涵，这是我们的一个追求。

当然我觉得要做到这样确实是挺难的，我们一直是在努力。也许我们做得还不够好，但是我们相信一直朝着这个方向去努力的话，我们的作品是可以得到市场和公众认可的，会对城市的环境作出应有贡献的，而不是破坏。

我们的服务体现了服务的精神，服务是要创新的，设计是要用心去做的，才能提供一个优质的服务。但是现在的问题是我们的工期以及我们在设计当中能够使用的成本都受到相当限制。现在建设的速度很快，发展商要在最快的时间里拿到图纸，因此在这个过程当中，我们的服务可能会有些瑕疵，我们意识到这个问题，持续努力地去改进，我相信这点也很重要。

《住区》：创新与精细的设计理念如今在地产界被广泛提及，很多地产公司也把其作为恪守的宗旨与力求达到的目标。城脉的创新与精细究竟意味着什么？有什么不同的含义？如何在作品中体现从而最大程度地吸引消费者？

毛晓冰：创新是建筑设计非常重要的要求。城脉所谓的创新不仅局限于风格上的，或是形象上的创新，而是包含很多方面。形象只是一个部分，另外关于建筑的使用，它如何去适应人的需求，我们也是在不断探索。对于开发商来说，创新意味着价值的提高。在这方面，城脉过去几年也做了大量的工作。总之，我们理解的创新与一些公司所理解的可能不太一样，不只是一个表象的，而是一个更加全面的意义。它也包括建筑技术上的创新，比如绿色建筑对节能的重视。我们非常自豪的是，中国第一个获得美国LEED认证的绿色建筑招商泰格公寓酒店是城脉承担设计的。

设计不精细我觉得是目前中国建筑一个致命的弱点。这与我们的经济发展及建筑技术、建筑材料、建筑工艺的运用有关。随着经济水平的提高，我们对精细的要求也随之提高。让我感触颇深的是，在清华大学就读时，傅克诚老师在80年代便同我们讲过，日本的建筑最大的特点就是像电视机一样，制作极其精细。后来我到日本也确实感觉到，相当多的建筑在缺少创意——日本是一个创意有限的民族——的同时，非常耐看，原因就是精细。以上谈的是工艺上的精细。建筑形象上的精细也是非常重要的。比如在住宅上，我们是比较早地将空调、管道隐蔽起来的。如1998年设计的招商海月花园便是如此。

深圳的建筑相对于国内其他城市而言并不奢侈、豪华，最大的特点就是相对精细。所以我们在设计的过程中，会注意很多细节。比如电梯的配置。我们设计的写字楼在市场上销售很好，重要的原因是我们具有人性化的设计与合理的配置，这看似简单、基本的要求，在很多建筑中却没有得到满足。这种精细是综合性的，其实最根本的还是我们产品的质量。这取决于工程质量以及开发商的理解。我们大力推行精细设计，就是要让开发商知道这种精细会带给他们更高的价格与销售额，从而支持我们。对于使用我们产品的人来说，他们生活在一个精细的环境中，文化的品质就会不一样。而且这样的一个环境，相对来说是比较耐久的。优秀的文化作品都离不开精细，包括现代主义追求的简约也体现了精细的内涵。当然，我所强调的精细受经济发展水平的影响，应该在成本允许的条件下尽量去达到，极端化的精细并不适合现在的中国社会。

这就是我们对于创新和精细的理解，具体的做法还要继续探索，但至少我们很早就形成了对这两个理念比较全面的认识，所以我们得到了市场的认可。

《住区》：现阶段是住宅高速发展的时期，许多住宅设计没有经过太多细致的设计就得以实现了，您是如何看待这种现象？在您眼中，中国住宅未来的发展方向又如何呢？

毛晓冰：现在很多住宅采取的是快餐式的设计，这样生产的是垃圾产品。但势态的改变需要一个过程，它有几个方面的原因：

1. 发展商的实力。有实力，房子就可以慢慢盖，没有实力，就要尽快回拢资金，以免资金链断裂。

2. 设计费的低廉。知识产权的价值没有真正体现出来。难免有一些设计单位为了生存，而去粗制滥造，以确保在低廉的成本下能够获得一定的利润。我觉得开发商应该有更多的社会责任，通过自己的发展促进全社会房地产开发产业的健康发展。如果都着意于设计费的高低，我们产品的整体水平是很难提高的。这取决于发展商是否具有一个正确的态度。

3. 我们行业的建筑师整体素质不高，其社会责任感、职业道德、从业态度等方面有一些问题。但是我相信这种情况是在逐步地改善，至少在城脉有这样的体会。发展商越来越容易接受我们的报价，对产品设计的要求也越来越高了。

我在这里要呼吁一下，希望发展商今后在设计费的预算上能够越做越宽松，在设计周期的拟定上也能越来越合理。因为我们全国所有的设计业的员工都在超负荷地工作，这不是一个健康的现象。

关于住宅未来的发展方向，因为我们的用地紧缺，我觉得应该是高密度，同时使用更多的再循环产品以及更多的高质量的产品配件。至于面积的大小，不能作为科学的推断。因为不同的人群有不同的需求。换而言之，通过不同的需求确定不同的面积反倒可能是一个方向。总之未来住宅的发展会更加多元化。

《住区》：您是如何看待外籍建筑师、海外留学的中国建筑师以及本土建筑师？加入WTO后，中国建筑师应该如何面对入世挑战？

毛晓冰：我们现在的团队是七个总裁，大部分有海外留学或生活的背景，其中有四个还有国外的永久居留权，有两个海外回来的高学历的人才，所以我们团队很大比例拥有海外背景。

关于这个问题，我是这么看待的，外籍建筑师实际上在中国执业是非常困难的，为什么呢？首先是语言的问题，其次是对中国规范的理解，我认为这对他们来说是非常费劲的事。海外留学的中国建筑师其实面临的是同样的问题，因为我们的注册建筑师考试可以说是世界上最严格的。据我所知，到目前为止还没有外籍建筑师能够考得过中国的一级注册建筑师，海外留学归来的建筑师考过的也不多。我个人觉得本土的建筑师在改革开放的大形势下，他们的眼界、技术水平未必比外籍建筑师低，反过来本土建筑师也具有一定的优势，比如传统的建筑教育培养出扎实的基本功，再有中国建筑师在实践中对其他专业的了解和配合能力是非常强的。

我觉得加入WTO不是挑战，而是一种竞争，大家都在同一个起跑线上去竞争。事实上这个竞争目前在深圳来说，我个人的看法是本土建筑师超过外籍建筑师。我们的很多项目在投标的时候，境外建筑师与本土建筑师同台竞争，我们基本上都赢了。像我们这样的公司深圳其实有好几家，如中建、华森、华艺，我相信他们都跟我们有同样的经历，赢得多输得少。倒是反过来我们的有些政府官员和有些发展商崇洋媚外的观念，使一些非常重要的项目对中国建筑师关上了大门，这是不对的。我认为正是这种不公平的待遇，造成大家认为外籍建筑师是外来的和尚好念经这个理解的误区。

无论是境外设计师还是本土设计师，重要的是设计理念与设计能力。我们加入AECOM，可以利用AECOM的资源来提高我们中国建筑师、中国工程师的能力，然后以设计能力来作为卖点。

深圳新世界豪园（硅谷别墅+城市山谷）
New World Luxury Garden in Shenzhen

建 设 地 点： 深圳市南山区沙河西路
总用地面积： 120,000m²
总建筑面积： 180,000m²
建筑容积率： 1.5
设 计 时 间： 1997~2004年
竣 工 时 间： 2002~2005年
开 发 商： 深圳市百富隆新投资有限公司
设 计 单 位： 城脉建筑设计(深圳)有限公司

本项目位于深圳高新园区北区，地处铜鼓路与沙河西路之间，北临北环快速干道，为深圳市区内惟一的低层高密度住宅社区。为提高用地效率，将原有马鞍形丘陵整理成南低北高的坡地，有利于组织朝向和视线。规划设计注重整体环境的营造，工程分三期设计建造，一期以会所及独栋住宅为主，采用单向屏蔽式的户型布局，建筑风格为地中海式；二期以背靠背的联排别墅和坡地叠加别墅为主，建筑风格为简约的新古典主义；三期则以带前院、内院和玻璃中庭的四户合院为主，配以空中别墅、酒店式公寓及中型商业，为含古典韵味的现代风格。全程设计不断推出创新户型和设计理念，同时保持建筑内在意象上的延续性，为在城市中心地带提供有郊野情趣的居住模式作出了成功的探索。

*摄影：陈勇

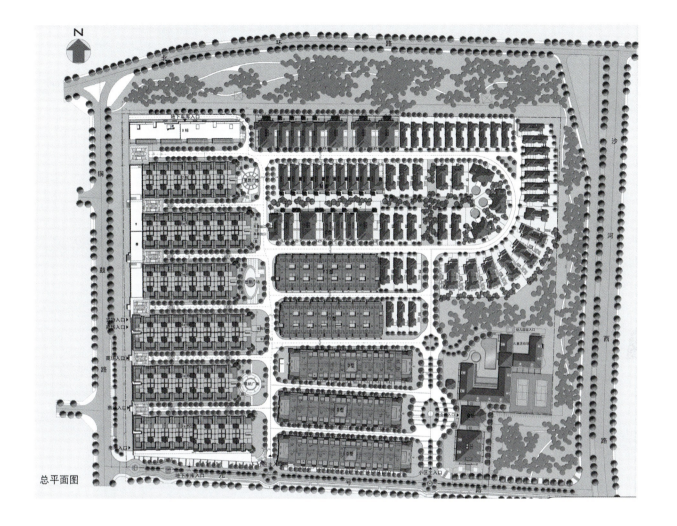

总平面图

无锡印象剑桥

Impression Cambridge in Wuxi

建 设 地 点：无锡市马山区太湖十里明珠堤
总用地面积：780,390m²
总建筑面积：195,460m²
建筑容积率：0.25
设 计 时 间：2004年
开 发 商：无锡灵山房地产开发有限公司
设 计 单 位：城脉建筑设计(深圳)有限公司

  无锡印象剑桥坐落于太湖之滨，紧邻十里明珠堤，采用"一线带多珠"的布局。通过分级式道路及人工水系和绿带形成岛屿式组团空间。南侧为小区主入口，入口两侧分别为主会所和配套商业区，商业区与公寓相结合形成围合街区，以营造英国小城镇印象，而别墅组团则着力营造乡村住宅气氛。虽然应开发商要求采用英国传统建筑风格，但在提炼了英国"Tudor"式建筑语言的精华后，建筑采用具有工艺特性的现代材料，功能设计符合现代生活方式，而并非生硬的克隆性仿古建筑。

  *摄影：陈勇

深圳春华四季园

Chunhua Seasonal Garden in Shenzhen

建设地点：深圳市宝安区龙华片区
总用地面积：199,239.75m²
总建筑面积：442,525m²
建筑容积率：1.8
竣工时间：2007年
开 发 商：深圳市金光华实业(集团)有限公司
设计单位：城脉建筑设计(深圳)有限公司

深圳春华四季园位于深圳近郊龙华片区，毗邻深圳著名住宅小区万科四季花城。场地内原为丘陵地貌，北侧是平南铁路，西侧为水官高速公路。规划布局采用"三团二轴"结构，结合地形形成三山、二溪、一湖的T字形中心景观开放空间，建筑以中高层公寓为主，局部结合山地设置台阶式复式住宅。以现代材料和手法，依照古典建筑构图原则独创飘逸但不失稳重、前卫而不失经典的典雅风格。

*摄影：陈勇

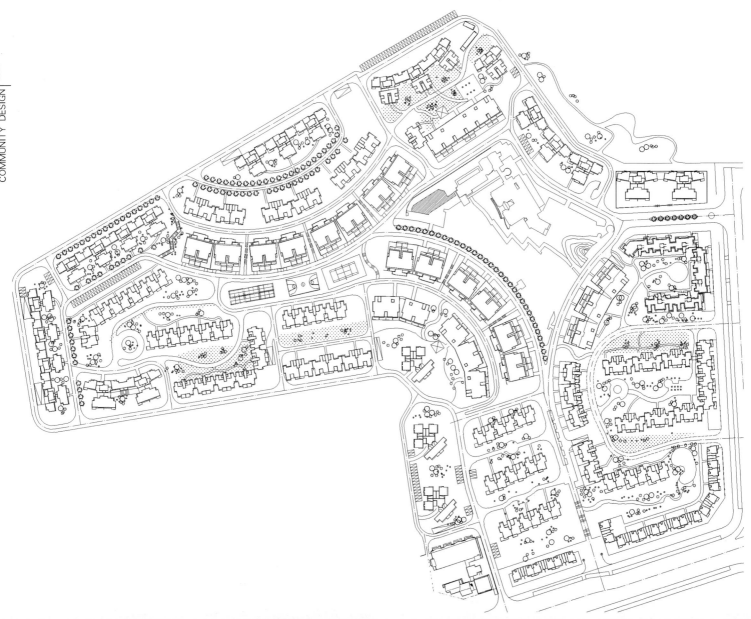

京基大梅沙喜来登酒店

Sheraton Hotel in Da Mei Sha

建 设 地 点：深圳市盐田区大梅沙
总用地面积：60,000m²
总建筑面积：77,323m²
建筑容积率：1.3
开　发　商：深圳市京基房地产开发有限公司
设 计 单 位：城脉建筑设计(深圳)有限公司
　　　　　　英国TFP

　　京基大梅沙喜来登酒店位于深圳盐田区著名的旅游圣地大梅沙度假区内，梅盐高速路南侧，距市中心约24km。基地西接大梅沙海滨公园，东邻小梅沙海滨旅游中心，海洋世界等旅游景点。属于缓坡邻海地块，总用地面积为6万m²。该项目是一座五星级度假酒店及相关配套设施，配备440个客房和2座别墅。总建筑面积77323m²，地上12层地下2层，建筑高度50m，地下部分采用钢筋混凝土结构，地上部分为钢结构。

　　建筑设计旨在融入周边的自然环境，采用具有动态效果的结构来实现与海边地形相和谐的效果，并为所有客房提供独特的海滨视野。这种布局还充分利用了南向、临海和附近绿色公园的优势。靠近酒店主建筑设有两座高级别墅带有私家游泳池和花园；酒店内后勤部分、机房、设备间和地下停车场均设在建筑的后面；室外游泳池和其他室外休闲设施的定向可以确保最大限度的光照量。

　　*摄影：陈勇

深圳星河·丹堤

Galaxy Dante in Shenzhen

建设地点：深圳市梅林关口
总用地面积：196,759.29m²
总建筑面积：353,317.08m²
建筑容积率：1.8
竣工时间：2007年
开 发 商：星河实业(深圳)有限公司
设计单位：城脉建筑设计(深圳)有限公司

　　深圳星河·丹堤位于梅林关口，为原丰泽湖山庄的二期工程，场地内环境优美，北临丰泽湖，东依郊野公园，南侧虽有下沉封顶式南坪快速干道通过，但山体优美，视野开阔。整体布局在尊重自然的前提下，力求塑造能与自然产生对话的人居环境，以求每一户居民都能享受优良环境特质。沿湖布置别墅和联排别墅，南部的东西两侧为高层公寓区，南部中间地带布置多层公寓，以确保从湖面到南部绿色山体的视觉通廊，使小区虽在1.8的中高容积率条件下却能维持较高的环境质量。本项目因设计工期原因由我公司与深圳大学建筑设计研究院分组团分工设计。

　　*摄影：陈勇

预订2008年《住区》全年优惠价200.00元

C
住区
DESIGN COMMUNITY

中国建筑工业出版社
清华大学建筑设计研究院 联合主办
深圳市建筑设计研究总院

引领中国住宅新概念的权威读物

《住区》订阅单

中国建筑工业出版社
清华大学建筑设计研究院　　联合主办
深圳市建筑设计研究总院

全年6期，共216.00元。欢迎广大业内同仁积极订阅。

征订单位（个人）：_____

联系人：_____ 性别：_____ 职务/职称：_____

邮寄地址：_____邮编：_____

发票单位名称：_____

E-mail：_____ 联系电话：_____

自_____年____月至_____年____月　　　　　　　共计_____期_____套

合计（大写人民币）____万____仟____佰____拾____元整，（小写人民币）￥_____元

填写日期：_____年_____月_____日　　　　您的签名：_____

邮购汇款

邮编：200023

电话：021－51586235

传真：021－63125798

联系人：徐　浩

银行汇款

收款单位：上海建苑建筑图书发行有限公司

开户银行：中国民生银行上海丽园支行

银行帐号：14472904210000599

地址：上海市卢湾区制造局路130号1105室

星河世纪广场
Galaxy Century Plaza

建 设 地 点：深圳市中心商务区(CBD)
总用地面积：11,700.7m²
总建筑面积：156,626.21m²
建筑容积率：10.4
竣工时间：2007年
开 发 商：星河实业(深圳)有限公司
设计单位：城脉建筑设计(深圳)有限公司

星河世纪广场位于深圳中心商务区(CBD)彩田路和深南大道交会处，是深圳CBD东端主要标志性建筑物。建筑综合体由超高层办公塔楼、两栋公寓塔楼和连接它们的4层商场裙楼四部分组成，办公塔楼总高度为170m，39层。

办公塔楼的"门式"造型，手法简单，却对比强烈，具有很强的标志性；公寓塔楼立面结合自身的特点，通过两层一格的处理，获得开朗的表情，并不介意在肌理上与其他办公楼有所差别，但在较大尺度层面上与办公楼设计手法保持一致。裙楼大尺度的框式造型，与主题塔楼协调，并在沿街勾勒出恢宏的城市广场，强化了综合体的完整性。

办公塔楼及商业裙楼建筑外墙材料主要为玻璃及石材幕墙，公寓塔楼主要为面砖及涂料，但整体效果却保持了较高的品质。

*摄影：陈勇

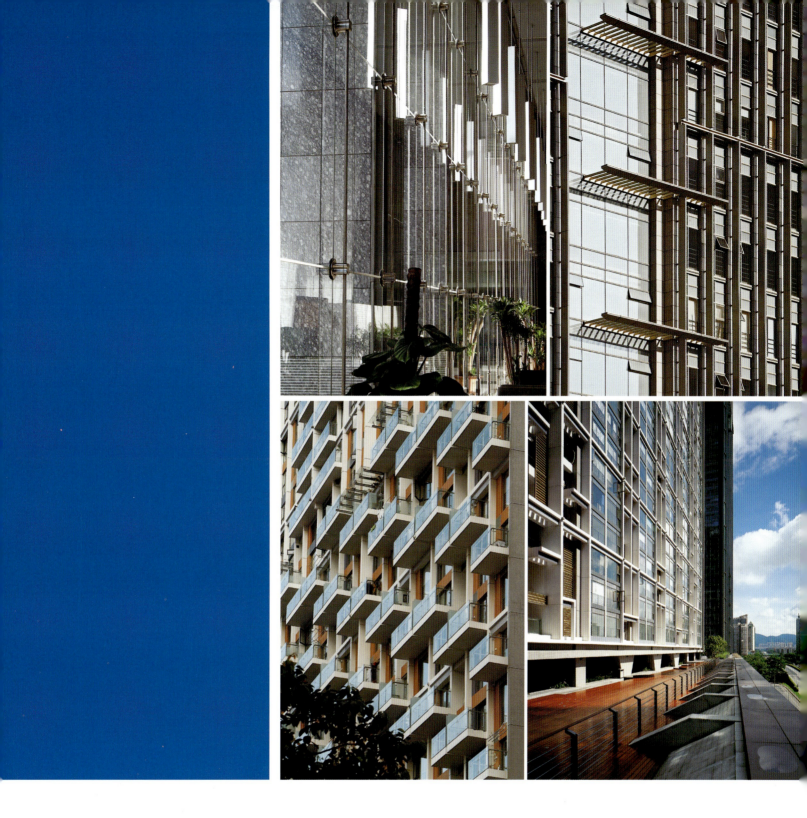

1. 开平碉楼导游图
2. 联登楼

开平碉楼
——中国近代农民的梦想与创造
Castle Housing in Kaiping
The dream and creation of modern Chinese farmers

张国雄 樊炎冰 Zhang Guoxiong, Fan Yanbing

提到近代的中国农民，提到他们对外来文化的态度，历史教科书给我们描绘了一个憨厚质朴、既安于现状又有极强革命精神、排外仇外的复杂形象，义和团运动中的反抗与愚昧似乎成为了他们身上的一个固定符号。当我带着中学大学历史教育留下的这个印象，进入到20世纪90年代，进入到广东珠江三角洲西缘的开平乡村，观念与现实发生了很大的冲突，在这里我看见了近代中国农民的另一番精神世界。

在开平的1900k㎡内的平原、丘陵和低山地区，在这片大地的15个镇、3000多个乡村，在村外高高的山岗上、村口魁伟的榕树旁和村后密实的竹丛中，有一种乡土建筑给人非常强烈的视觉冲击，这就是闻名遐迩的"开平碉楼"。

开平碉楼散布在这方具有浓郁岭南风情的城乡，至今保存了1833座，举目所望，姿态各异，常常使人有时空错置的感觉。时而仿佛漫步在古希腊神殿的敞廊，时而宛如置身于欧洲中世纪的城堡，时而又似乎来到意大利的街巷……。但是，当您走近碉楼，身姿摇曳的箣竹组成的密密实实的竹墙和茂盛张扬的大叶蕉林，很快又将你拉回到中国乡村的现实。一个个疑问也随之而来：这是谁建的？他们为何这样建？

今天，生活在和平的明媚阳光下的人们，很难真真切切地体会到碉楼的主人们当年建楼时的特殊经历和复杂心境。

明朝以前，今天的开平是四个县的交界地带，几不管，这就为土匪的滋生和藏匿提供了条件，社会治安非常混乱。清朝初年，开平设县。其前身就是"开平屯"，即明朝政府为维持当地治安而派出的军队的驻地。清初的设县也主要是针对这一社会问题，由此可见当地治安问题之严重。开平开平，开心平安，在那个时代只能是人们心中的一种美好愿望。

贫穷会产生土匪，地方富裕了也会有人打家劫舍。开平社会治安的恶化与它形成为华侨之乡也有一种因果关系。

早在鸦片战争之前，开平人因当地人多地少，一年生产的粮食不足养家糊口而大胆地走出国门，来到印尼，来到马来亚湿热的丛林之中辟橡胶园，开锡矿，建起一个个居民点和集镇。19世纪后期美国、加拿大金矿和铁路工地需要大量劳工的消息传来，吸引开平人远渡重洋，奔向预期可以发财的资本主义国度。宣统《开平乡土志》就记

1

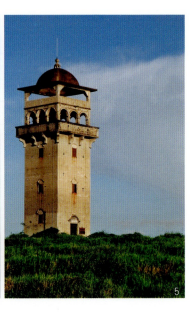

3. 陶然楼
4. 联芳楼
5. 方式灯楼
6. 迪光楼
7. 六也居庐
8. 立园全景图

载："父携其子，兄挈其弟，几于无家无之，甚或一家而十数人"。从而形成了村村有华侨，绝大部分家庭为侨眷的状况。今天，开平总人口为67万，华侨华人（49万）和港澳同胞（25万）的总和超过了家乡人口，开平因此成为中国著名的华侨之乡。

中国人讲究落叶归根，传宗接代，海外的开平华侨将回乡买地、建房、娶媳妇视为自己的三大心愿。于是，一笔一笔的血汗钱不断寄回家乡，人们的生活发生了很大的变化。但是，漂亮的房宇、华丽的服饰和令人羡慕的积蓄，给一个个华侨家庭带来的不仅仅是生活水平的提高，更带来了危险。从华侨们踏上家乡土地的那一刻开始，他们就成为了土匪们眼中的肥肉，民间至今还流传着"一个脚印三个贼"的民谣。有的华侨回家当天还没有从亲人重逢的喜悦中缓过劲来，就成为土匪手中的"肉票"（被绑架），紧接着倾家荡产，才保住了命，有的华侨因此上吊、跳楼、神经错乱，对家乡治安不靖悲愤之极。

官匪勾结，政治腐败，对地方政府的失望使开平民众转而走向自己保卫自己。民国《开平县志》就记载："自时局纷更，匪风大炽，富家用铁枝、石子、士敏土建三、四层楼以自卫，其艰于货者，集合多家而成一楼。"开平碉楼就是这样像雨后的春笋大量出现在开平的乡村，形成了"无碉楼不成村"的乡间景象。

开平建碉楼的历史可以追溯到明朝，今天开平市赤坎镇三门里村的迎龙楼就建于16世纪60年代、明朝的嘉靖年间，距今已经有四百四十多年了。迎龙楼高三层，主体由明代的大红砖垒砌，墙厚近1m。它是开平现存最早的碉楼实物。

到了清朝尤其是开平成为华侨之乡的近代，碉楼大量出现，与村民们的生活发生了更加紧密的联系，碉楼的种类也多样化。在山区，有石头垒砌的石楼，在丘陵地区有夯土楼和砖楼，在平原有混凝土楼。从使用功能上，也出现了不同的碉楼。村外山岗、田间、路旁的叫"灯楼"，村口的叫"门楼（又称更楼）"，村后的叫"众人楼"或"居楼"。

位置不同，名称也不同，它们不是随意确定的，它反映了碉楼使用的不同功能。

村外的灯楼在开平碉楼中兴建较晚，它是附近几个村落有了共同防卫的需要后才开始合资建造的。灯楼由参加联防的村出人出钱，轮流值班防卫，多配备探照灯、报警器、铜锣、响鼓和枪支。其作用主要在预警，发现有土匪的动静后，探照灯就指向土匪来袭的方向，提前向各村拉响警报，为村民进入碉楼争取了时间。它还参与对土匪的阻击，凄厉的警报声、锣鼓声和枪声划破寂静的夜空，对土匪形成很大的心理震慑。

村口的门楼由全村成年男人昼夜轮班值勤，白天负责检查进出人员的身份，夜晚关上闸门，依时敲锣更报警。门楼上定时响起的锣声，为村民提供了安全感，伴随他们进入梦乡；急促的锣声和呼喊、枪声，又催促各家各户赶紧收拾细软躲进村后的碉楼。门楼应该是开平碉楼中兴建最早的一类。

村后的众人楼属于单纯的防御性质，或全村共建，所有的人家都可以进去躲避；或几户合建，出资者才在楼里有自己的房间。楼内陈设非常简单，多数房间仅有一张床供躲土匪的人家过夜使用。土匪走后第二天早晨人们就会走出碉楼，回到自己的家中，众人楼也就闲置在那里。如果没有土匪来抢劫，众人楼的门可以长时间不开。多数众人楼兴建的时间比门楼晚，但是比灯楼要早。

到了清朝末年，村中各户的贫富差距拉开，比较有钱的华侨人家更加讲究居住的宽敞舒适，要使用先进的生活设施，同时也对为躲避土匪的入村抢劫而经常频繁地搬运家中的财物，不胜其烦。于是，就有了将防卫与居住功能结合起来兴建碉楼的想法，一座座居楼便应运而生。在各村中，最漂亮的碉楼往往是居楼。居楼是以家庭为单位独资建造，投资成本高，楼体比众人楼高大，造型复杂讲究，内部房间比较宽敞，卧室、书房、卫生间、厨房等功能用房齐全，有的居楼还安装有供水系统、消防系统。它既有碉楼的坚固安全，又有更舒适的生活设施，因此使用频率比众人楼要高得多，有的楼主一家老小就在居楼里生活起居。这类碉楼的大量出现，改变了碉楼过去功能的单一性，增加了居住的实际作用，碉楼由此成为防御与居住功能兼而有之的乡土建筑。

走进每一座碉楼，你可以从各个角度感受到它对外的防御设计，一座碉楼就是一个防御单位。碉楼的门窗基本上是铁栏、铁板，关闭后整座碉楼就是一个封闭的空间，厚实的墙体和坚固的门窗，可以抵挡枪击火攻。大门的顶部开设有两个射击孔，楼内的人可以从二楼向下射击靠近大门的来犯之敌。每层楼墙的四面都有O、⊥、| 多种形状的射击孔，射击孔的造型都是内大外小，有利观察射击和保护自己。碉楼上部有1m多高的女儿墙，同样有多个射击孔。四个角一般建有悬挑的防卫台，当地人把叫作"燕子窝"，扩大了防御的空间，人在其中可以向下向前向左向右四个方向对外射击，碉楼与碉楼之间就这样形成交了叉火力。华侨出资购买的手枪、步枪以及运上楼里的石块、石灰都是有效的打击武器，对暴露在楼外的土匪有很大的杀伤力。同样使用枪支的土匪往往在这些碉楼面前束手无策，最后只好无功而返。

开平简直就是一个被各种碉楼形成的多层防卫体系包围的乡村，农民的智慧在保家护村的现实要求面前发挥得淋漓尽致。不仅如此，很难想像1833座碉楼绝大部分还是出自乡土设计师和建筑工匠之手。

2003年3月20日上午，曾旅居美国、现定居香港的关沃华老人（80岁）在百合镇马降龙庆林村的门楼前，向笔者介绍他当年所见村里碉楼和洋楼（庐）的建设情况。

我是在庆林村出世的，村里很多人去到加拿大，也有一些人到了墨西哥，他们寄钱回来盖了村里的碉楼和自己的洋楼。建这些楼需要一万多块大洋，有的用了八千块大洋。

在我们村搞建设的是赤坎镇的"祯记公司"。建设公司先画出图纸给楼主看，楼主人提出修改意见，最后由楼主人同意才可以施工。

施工时很神秘，搭一个很大很高的工棚，工人下雨刮风都可以在里面干活，外面看不见，建好后工棚撤除了我们才看见是个什么样子。他们做工时我进去看过。外墙是用木板做模灌"红毛泥"（进口水泥），扎钢筋。内墙是用砖。建楼的水泥和钢筋是由祯记公司包料，砂、石是在村外河里和附近山上弄的。

碉楼的建设资金主要来自海外华侨，动辄上万元。华侨不仅出钱建楼，他们还对碉楼的造型、内部结构甚至建筑材料都非常关心。立园的主要规划者美国华侨谢圣泮就叮嘱家人，"其款式、形模仿效美国制"。很多华侨给家乡亲人寄回外国古代著名建筑的明信片、照片，作为建楼取样的参考。往往是由业主提出楼高、样式、功能设施

9. 日升楼，翼云楼
10. 无名楼

11. 卓庐，元庐，浩庐，适庐
12. 铭石楼
13. 瑞石楼
14. 天兴楼

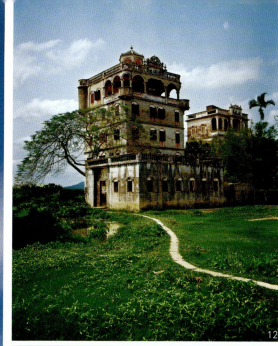

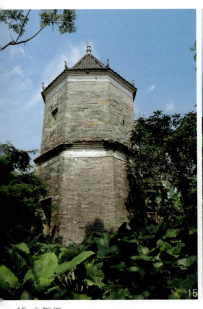 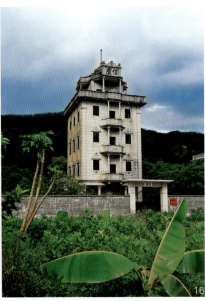 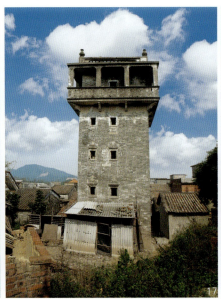 

15. 文魁阁
16. 信庐
17. 堂隶楼
18. 泰安楼
19. 启芳楼

等要求，承建者据此设计出施工图纸，画出碉楼外观图和平面图。楼主对碉楼外观图更感兴趣，他们的修改意见可以具体到门窗的造型、女儿墙外墙灰塑的图案等等。承建者对楼主人的意见也不是全部照单接受，会从技术角度提出建议，他们的建议对最后的决策有很大影响，毕竟懂建筑的不是业主而是建筑工匠。所以，开平民间有"三分主人，七分工匠"的说法。

也有个别华侨是自己从国外或香港带回设计图纸，交给工匠。蚬岗镇的瑞石楼、升峰楼和荻海的风采楼这样一些非常符合西方建筑范式的设计，就很难说是出自乡土工匠之手。不过，这样的碉楼在开平上千座碉楼中数量极少。

开平自清末民国以来就有了"建筑之乡"的美名，民间的建筑工匠众多，有的人在商贸发达的市镇成立了自己的建筑公司，而且分工还比较细，或专搞土木建筑，或负责后期的油漆和室内装修，或承担监理任务。三埠、赤坎等古镇上建筑材料的批发，建筑构件、彩色玻璃和家具制作等成行成市。还有很多乡村游走的工匠，农忙时下田插秧收稻，农闲时才承接碉楼工程。

乡村工匠成就了开平碉楼，开平碉楼的建设也锻炼了乡村工匠。在碉楼建造的实践中，一些工匠形成了自己的建筑风格，各自擅长某一种造型的碉楼建造，而且有自己的地域范围。开平各镇的碉楼大致有自己不同的风格，蚬岗镇的碉楼多穹庐顶、燕子窝或圆柱体或古罗马的巨柱造型；赤坎、白合镇、塘口镇多平顶带凉亭、敞廊排柱连拱……。这种现象就与当地建筑工匠的特长有关联。

行走在开平碉楼之间，很容易发现一个矛盾的现象。建碉楼本来的因由是防土匪，既然是防止被土匪抢劫，碉楼就应该建得简单，不要张扬自己的财富。可是，恰恰相反，很多开平碉楼尤其是居楼，从层高到造型再到装饰，完全超出了防御的功能需要，追求着一种建筑的形式美。当年开平的农民为什么要这样处理？

建筑是石头的史书。当我们走进开平碉楼，走进当年农民的精神生活，我们发现开平碉楼不简单是一种防御性乡土建筑，它还承载着建造者们的梦想，是他们表达自己财富地位、情趣爱好以及思想意识的重要工具。

开平碉楼大量使用西方近代的钢筋、水泥等建筑材料和混凝土技术，将外来的建筑元素不分国别、不分民族、不分宗教、不分流派地大量糅进中国传统的乡土建筑之中，形成独特的亦中亦西、亦土亦洋的开平碉楼风格，它以中国南方的稻作文明为背景，是村落的一部分。在这种近代农民的建筑表达背后，渗透着他们对本土传统生活的坚守，也寄托着他们对西方先进文明的追求。

早年那些洗脚上田、飘洋过海，在外历经了欧风美雨洗礼的开平华侨，所感受到的不同文化冲击自然是非常强烈，思想观念的更新和行为方式的转变，则通过他们的行为举止和往来信函给开平吹进一股清新凉爽的风。他们引导着家乡的物质生活和精神生活方方面面发生变化，西方先进的文化在这里与传统文化碰撞、交融，开平乡村出现了中外文化共存的特殊景观。

身带几个"金山箱"张张扬扬返乡探亲的华侨首先吸引了乡亲们的关注，他们的言谈举止、饮食衣着都成为家人邻里模仿的对象。民国《开平县志》记载，侨乡出现了"衣服喜番装，饮食重西餐"的社会现象。华侨家庭的男人出门戴礼帽，穿西装，打领带，脚登进口牛皮鞋，抽雪茄，喝咖啡，饮洋酒，吃牛排，骑自行车或摩托车；女人们洒法国香水，抹"旁氏"面霜，涂英国口红，穿进口玻璃丝袜，非常的摩登。生活用具从暖水瓶、座钟、碗盘、留声机、收音机，到浴缸、抽水马桶、抽水机，处处可见"舶来品"的痕迹。

见面喊"哈啰"，分手说"拜拜"，成为当时一种时髦。用开平方言对英语译音的一些外来词汇慢慢进入人们的日常用语，男女老少随口而出。如球叫"波"（Ball），好球叫"古波"（Goodball），饼干叫"克力架"（Cracker），奶糖叫"拖肥"（Taffy），护照叫"趴士钵"（Passport），夹克叫"机恤"（Shirt），杂货店叫"士多"（Store），球衣叫"波恤"（Ball shirt）……。

乡村民众的日常生活逐渐富裕起来，开始讲究舒适，追求高消费。相互攀比，好面子，讲排场，成为时尚。时人评述：

"勤俭之风本为族人之特色，自族人往美洲及南洋各处经商而后，收入颇丰，此风渐失。至于今日，无论男女老幼，都罹奢侈之病。昔日多穿麻布棉服者，今则绫罗绸缎矣；昔日多住茅庐陋巷者，今则高楼大厦矣。至于日用一切品物，无不竞用外洋高价之货。"

欧美发达国家宣扬的近代国家意识、民族意识和民主意识，对身处其中、来自封建专制社会的开平华侨同样形成强烈的观念冲击，他们向西方学习，慢慢抛弃封建的臣民意识，成为孙中山"三民主义"的忠实追随者，国以民为本的观念逐渐深入华侨人心。华侨的变化对家乡亲友产生了直接的影响，新的国家、民族观念被乡亲接受。开平碉楼多竖立有旗杆，每逢节庆日，孙中山先生逝世纪念日或碉楼落成庆典日，旗杆上都要悬挂国旗。一些碉楼里神龛（当地人称"伯公"）两侧的对联，也写进了"国家"、"民族"的内容。如立园泮立楼四楼神龛的对联就是：

宗功伟大兴民族，
祖德丰隆护国家。

国家、民族、宗族三者紧密地结合在一起。更有意义深远的创举，是这幅对联中的"国"字很特别，它改"口"内的"玉"为"民"，形成一个新的"囻"字，表示"民"为国家一切事务的中心，清楚地表明了楼主人的民本思想。

民主的原则还进入乡村，进入家族事务的自治管理。清朝末年和民国时期，开平乡村成立了多种自治性的民间组织，多数是由华侨出资，实行股份制管理。华侨新村的改建，立有章程，宅基地以拈阄方式当场分配，宅基地的转买、房屋建筑的高低、村内排水系统的铺设、厕所位置的选择乃至垃圾的处理等，村务管理的各个环节都贯穿着公开、公平、公正的民主原则，透明度很高。

开平近代乡村农民对西方先进文化的学习实践，是孕育开平碉楼的社会文化基础。

透过开平碉楼这一农民的建筑表达，我们还能够说近代的中国农民充满着排外仇外情节吗？

作者单位：泛华建设集团

城市居住空间结构实证研究
——以济南商埠、南京河西地区为例
An Urban Living Spatial Structure Empirical Study Cases in Jinan and Nanjing

张 昊 梁 庄 Zhang Hao and Liang Zhuang

[摘要] 本文以地理和社会双重内涵定义城市居住空间结构，基于对济南城市某旧区和南京城市某新区的居住空间结构的实证调查，通过对2000多个家庭样本居住现状的数据分析讨论比较，探究导致目前城市住房问题的因素所在，为将来城市住房政策制定提供参考。

[关键词] 居住空间结构、实证研究

Abstract: The article defines urban living spatial structure from both geographical and social aspects. Based on empirical studies in a traditional quarter in Jinan and a newly developed area Nanjing, and through data analysis on samples taken from more than 2000 households, the article investigates the major causes behind present housing questions and provides references for future policy elaboration.

Keywords: living spatial structure, empirical study

一、城市居住空间结构相关理论
1.城市居住空间结构

本文研究的城市居住空间结构，是指各个社会群体居住区在城市空间中的具体地理区位、不同社会群体居住区之间所形成的相互影响和作用的多层次性的空间关系，以及该空间关系所反映出的社会关系。城市居住空间是人们居住活动所整合而成的社会空间系统。作为一种空间系统，它首先具有空间位置的特性，具有其特定的"区位"条件，具有特定的地理分布范围；另一方面，作为地域空间与社会空间的复合空间，城市居住空间同时还具有"社会关系"的内涵。所以城市居住区空间结构既是一种地理空间结构表现，同时也是一种社会空间结构的反映。

2.城市居住空间结构的影响因素和构成

城市住房市场影响是城市居住空间结构的最直观因素，它具有高度的复杂性。城市住宅作为一种特殊的"商品"的自然特性，可以使得我们从住宅供给和需求两个方面来粗略分析目前城市住房市场对城市居住空间结构的影响。总的来说，在住房市场中，通过一系列不同的市场运作，各个不同的社会经济团体依据自己的需求配置特定类型的住房，他们的动机和行为有效地决定了住房的供给，从而影响到了家庭的住房选择，当住宅"商品"在城市住房市场完成交换过程，城市居住空间结构也同时形成。

城市居住空间结构不仅仅反映了经济的供给与需求，而且受到制度因素和一系列行为主体之间互动的影响，除了政府、开发商和消费者，还包括投资商、建筑商、规划师、建筑师等等，住房市场是这一系列的参与者在各种政治及制度制约下的集中活动，这种集中活动的结果就是居住结构在空间上的体现。综合城市居住空间结构研究的理论的回顾，本研究认为城市居住空间结构主要由以下几个要素来构成：居民收入、居民职业、家庭周期、住宅产

2.济南商埠地区区位图
图片来源:济南市规划设计研究院
3.南京河西北部地区区位图
图片来源:南京市规划设计研究院

权、住宅区位、住宅价格、住宅面积和套型等,前三个要素是居民的主要社会属性(图1)。

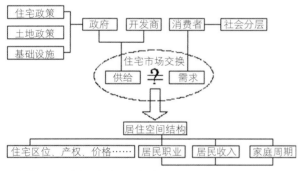

1.住房市场对城市居住空间结构的影响
图片来源:自绘

研究城市居住空间结构的目的是为了解目前住宅市场的供给与需求状况,探究导致目前城市住房问题的因素所在,为将来城市住房政策制定提供参考。

二、案例实证研究

近年来随着城市化速度加快,城市发展呈郊区化趋势,而在城市新区大幅度增加的居住用地则占城市用地的相当高比例。而经过十余年的城市新区建设和发展,城市新区的人口迅速上升,这种城市新区居住区与原城市旧区居住区无论是住宅本身还是居民构成都有较大区别。本研究为较全面了解城市居住空间结构现状,分别在城市的旧区和新区选取调查案例,旧区位于济南市商埠地区,新区位于南京市河西地区[1]。

1.案例介绍

1.1案例概况与抽样方法

济南商埠区位于济南市二环路以内,古城以西,自开埠以来,经过百余年的发展成为济南近代商业文化最典型的代表。然而随着城市建设步伐不断加快,商埠区也开始面临种种新问题。在最新的济南城市总体规划中"城市二环路以内地区划定为旧区。对旧区内功能高度集中、人口和建筑密度较高的地区实施'中疏'策略。控制人口容量和建筑容量,疏解旧区功能和交通,增加绿地、开敞空间和服务设施,提升旧城整体环境和城市功能"。其中商埠区的历史建筑的改造更新和随之带来的居民外迁问题逐渐凸现。目前商埠区内居住片区主要以解放前建设的旧式里弄或和院住宅以及解放后20世纪80年代以前建设的集体宿舍住宅为主。本次调查研究的商埠区面积为295hm^2,按平均人口密度估算商埠区规划范围内总户籍户数8154,总户籍人口数30658,平均人口密度277人/hm^2(图2)。

南京在改革开放以后开始进行住宅的大规模建设,居住用地面积与区位分布都迅速扩大,河西地区属于秦淮河以西的西片地区。据2002年南京城市总体规划调整内容,西片地区定位为"主城重要的综合性新区,是居住和就业相对平衡、各项配套设施齐全完善的综合性社区"。地区内包含不同时期住宅开发的典型代表，从20世纪80年代政府主导开发时期到90年代商品房建设时期，地区既含大片单位型社区，也含零星开发商品房社区，同时河西地区体现了住宅的不同开发模式——政府主导、单位主导与开发商主导。本次调研的范围为河西的北部地区，总面积为19.2hm²，原规划人口33万，目前总人口已经近30万，平均人口密度为156人/hm²（图3）。

由于这两个案例的面积和人口相差较大，所以采取了不同的抽样方式进行调研。商埠地区是直接选取了5个街道办事处，按照人口和社区代表性分配调查问卷，通过居委会的协助进行问卷发放，共计发放问卷1100份，回收有效问卷1003份，问卷有效率为91.2%。而对于南京河西新区采取分层抽样法选取调查样本，通过网格法以社区为基本抽样单位，确定调查的社区居委会，然后分别选取部分有代表性居住片区通过居委会的协助进行问卷集中发放，共发放问卷1300份[2]，回收有效问卷1151份，问卷有效率为88.5%。

1.2 样本代表性评估

济南案例：从调查对象的性别来看，男性和女性的比例分别为48.0%和52.0%，符合抽样标准。从调查对象的年龄来看，被调查对象的平均年龄为45岁，标准差为12.3岁，符合抽样标准。从学历上来看，被调查对象中初中学历和高中学历居多，分别占样本总数的22.5%和50.8%。从家庭人口数来看，被调查对象的平均家庭人口数为3.24人，标准差为1.05人。从家庭人均月收入来看，被调查对象的家庭人均月收入为504.74元，标准差为440.02元，相对低于济南城市家庭人均收入水平[3]，这说明位于旧城区居民属于济南城市较为贫困的群体。从样本的主要指标来看，样本的分布基本合理。

南京案例：从调查对象的性别来看，男性和女性的比例分别为50.1%和49.9%，符合抽样标准。从调查对象的年龄来看，被调查对象的平均年龄为45.62岁，标准差为12.58岁，符合抽样标准。从学历上来看，被调查对象中高中学历和大学学历居多，分别占样本总数的40.6%和27.5%。从家庭人口数来看，被调查对象的平均家庭人口数为2.20人，标准差为0.919人。从家庭人均月收入来看，被调查对象的家庭人均月收入为1317.04元，标准差为1028.51元。从样本的主要指标来看，样本的分布基本合理，较符合当地人口的总体状况[4]。

2. 主要调查研究结果

2.1 居住结构基本构成要素

调查结果主要抽取了两个案例的居住结构部分构成要素：居民职业、居民收入以及住宅产权。这几个要素是构成居住空间结构的重要要素。

在两个地区调查中发现居民的职业构成比较丰富，按照行政管理人员、各类专业技术人员、工业运输业人员、商业服务业人员和无业退休人员这几大类划分，其中可以明显看出无业退休人员所占比例较大，济南商埠地区为60.8%，南京河西地区为40.7%，除去问卷调研的干扰性因素[5]，这类人群仍然占调查居民的相当大一部分。另外，在济南商埠地区外来人口所占调查居民的32.6%，南京河西地区为19.1%（图4~7）。

在居民收入方面，从图8，9可以看出，不论是家庭总月收入还是人均月收入，城市旧区济南商埠地区均呈金字塔结构，中低收入居民占调研总数的绝大多数，而城市新区南京河西地区居民收入略高[6]，但是中低收入居民的数量也占到了居民总数的80%以上。

在住宅产权方面，由于旧区的房屋产权类型比较复杂，所以济南商埠的住房主要分为五类，其中单位分配房23.8%，单位出售公房32.4%，自购商品房10.4%，私房[7]自住10.2%，拆迁回迁房6.3%，这说明旧区中公房所占比例还较大。在城市新区南京河西区自有住房69.4%，租房户为30.6%，在城市新区南京河西区自有住房76.9%，租房户为23.1%（图10~11）。

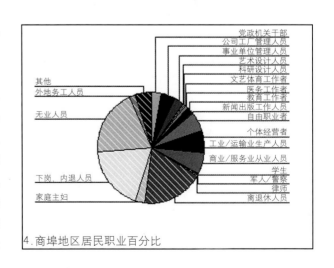

4. 商埠地区居民职业百分比

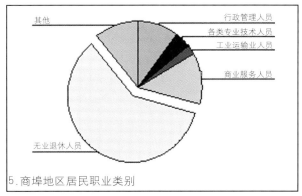
5.商埠地区居民职业类别

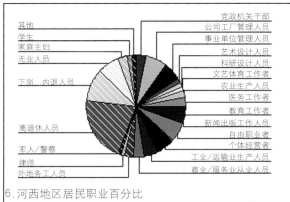
6.河西地区居民职业百分比

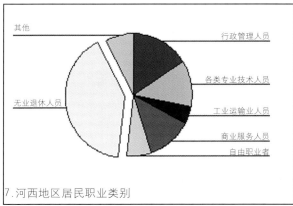
7.河西地区居民职业类别

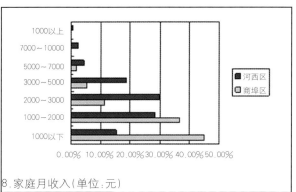
8.家庭月收入(单位:元)

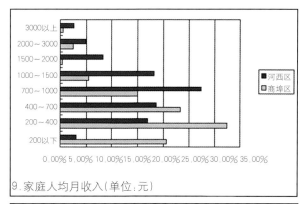
9.家庭人均月收入(单位:元)

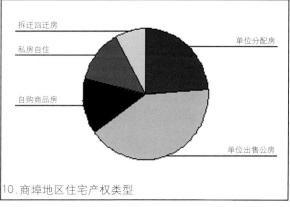
10.商埠地区住宅产权类型

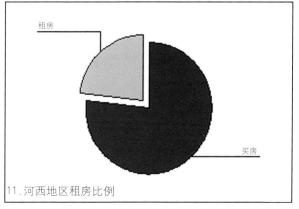
11.河西地区租房比例

2.2 城市旧区的居住需求

据2003年济南市人民政府关于《济南市城市房屋拆迁管理办法》中新的拆迁住宅房屋区位单价标准，商埠区属于二类区，价格为建筑面积2900元/m^2。根据这个拆迁补偿价，粗略估算经过拆迁补偿后样本家庭的居民实际购买住房的单价水平见表1，约80%以上的居民只能承受4000元/m^2以下的住宅单价。另一份济南2007年初房地产调查显示[8]，市民能接受的购房价格在1000~3500之间的占到50.42%，3500~4600元之间的占到40%，这与本调研的

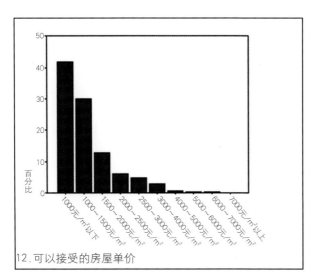

12. 可以接受的房屋单价

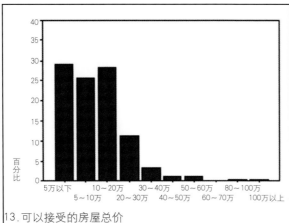

13. 可以接受的房屋总价

各社区家庭人均月收入表（单位：元） 表2

社区	平均值	低标准
宝地园	1786.42	1309.693
江滨	1551.37	775.590
聚福园	1716.98	900.597
清河	1571.46	1045.928
华阳家园	1356.88	982.019
凤凰西街	800.77	457.691
莫愁新寓	2010.42	1681.655
长虹路后街	862.44	872.135
云锦美地	1410.61	676.215
桃园居	901.60	484.378
江东村	1083.25	1050.931
仁东桥	678.86	552.083
月安	1321.00	853.338
合计	1317.04	1028.511

各社区职业分类比例表 表3

	职业分类						
	行政管理人员	各类专业技术人员	工业运输人员	商业服务人员	自由职业者	其他	合计
社区 宝地园	34.5%	24.1%	3.4%	15.5%	12.1%	10.3%	100.0%
江滨	32.1%	37.5%	8.9%	7.1%	12.5%	1.8%	100.0%
聚福园	44.7%	40.4%	2.1%	2.1%	0.00	10.6%	100.0%
清河	33.3%	22.2%	6.7%	17.8%	4.4%	15.6%	100.0%
华阳家园	44.9%	18.4%	12.2%	8.2%	10.2%	6.1%	100.0%
凤凰西街	25.5%	8.5%	23.4%	29.8%	6.4%	6.4%	100.0%
莫愁新寓	24.2%	31.8%	3.0%	15.2%	12.1%	13.6%	100.0%
长虹路后街	17.2%	17.2%	12.1%	24.1%	10.3%	19.0%	100.0%
云锦美地	18.5%	18.5%	3.7%	3.7%	25.9%	29.6%	100.0%
桃园居	18.8%	3.1%	18.8%	43.8%	12.5%	3.1%	100.0%
江东村	7.2%	3.6%	2.4%	47.0%	13.3%	26.5%	100.0%
仁东桥	29.6%	7.4%	0.00	25.9%	18.5%	18.5%	100.0%
月安	30.9%	25.5%	5.5%	20.0%	12.7%	5.5%	100.0%
合计	27.1%	20.5%	7.5%	20.9%	11.1%	12.9%	100.0%

拆迁补偿后居民实际能购买住房单价水平（估算） 表1

	有效百分比	累计百分比
1000元/m² 以下	7.4	7.4
1000～1500元/m²	14.0	21.5
1500～2000元/m²	12.1	33.5
2000～2500元/m²	14.5	48.0
2500～3000元/m²	8.9	56.9
3000～4000元/m²	24.8	81.7
4000～5000元/m²	11.9	93.6
5000～6000元/m²	5.0	98.6
6000～7000元/m²	1.4	100.0
总计	100.0	

结果基本相符（图12～13）。

2007年年初以来商品房供需情况统计显示济南城市住宅房地产均价为4562元[9]。4000元/m²以下的住宅商品房基本位于城市二环路附近或者以外，属远离市中心的较偏远区位，如果商埠区内居民选择拆迁补偿后自购普通商品房则必须搬离原有市中心的区位。本研究中此地区样本家庭有60.0%问卷回答者属于无业或者退休人员，而据调研统计结果超过80%的家庭总月收入低于2000元。排除问卷发放的人为干扰因素，仍可以得出结论：在商埠旧区的居民大多数为低收入家庭。如果拆迁后居民搬离商埠区，远离原有生活工作地理网络，居民的就业将会面临一定困难。

各社区邻里感受比例表　　　　　　　　　　　　　　表4

社区	邻居范围					总数
	同一楼层	同一栋楼	附近几栋楼	同一个小区	相邻的几个小区	
宝地园	29.3%	34.1%	9.8%	24.4%	2.4%	100.0%
江滨	16.1%	46.4%	5.4%	19.6%	12.5%	100.0%
聚福园	10.8%	2.4%	6.0%	67.5%	13.3%	100.0%
清河	28.6%	17.5%	6.3%	39.7%	7.9%	100.0%
华阳家园	18.5%	24.7%	3.7%	49.4%	3.7%	100.0%
凤凰西街	3.5%	47.1%	9.4%	25.9%	14.1%	100.0%
莫愁新寓	14.5%	30.9%	7.3%	45.5%	1.8%	100.0%
长虹路后街	5.9%	8.8%	17.6%	35.3%	32.4%	100.0%
云锦美地	54.5%	29.5%	0.00	9.1%	6.8%	100.0%
桃园居	10.6%	44.7%	4.3%	36.2%	4.3%	100.0%
江东村	17.4%	13.0%	4.3%	58.0%	7.2%	100.0%
仁东桥	22.5%	20.0%	0.00	37.5%	20.0%	100.0%
月安	20.5%	16.7%	17.9%	29.5%	15.4%	100.0%
合计	18.3%	25.4%	7.2%	38.7%	10.4%	100.0%

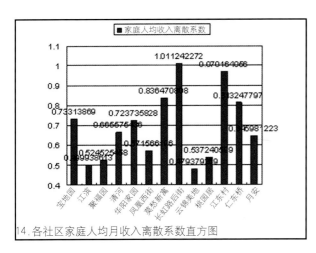

14.各社区家庭人均月收入离散系数直方图

2.3 城市新区的居住分异

由于城市新区的案例较为侧重研究小区的居住分异现象，所以是以13个不同类型的典型小区为单位进行分析。通过调查发现，不同年代开发的小区存在不同程度的居住分异现象，主要表现为收入、职业分异，邻里感分异这几个方面（表2~4）。

从各社区家庭人均月收入表以及各社区家庭人均月收入离散系数直方图中可以看出，形成时间越短的小区内部收入差别越小，有同质化的倾向，形成时间较长的小区收入层次相对比较丰富。其中形成时间较短的小区主要分为两类，一类是聚福园、云锦美地这种新建高档商品住宅，一类是江东村、仁东桥这种类似"城中村"的社区。但从职业分类上来看，形成时间越短的小区职业分类却逐渐模糊，各职业类别的人群分布比较均衡。从居民的邻里感来看，越是新建的小区邻里感越弱，如云锦美地和聚福园小区的邻里感主要集中在同一层楼和同栋楼的居民，范围相对较窄（图14）。

而这种居住的分异还在小区区位上有所表现。主要体现为基础设施（商业，学校等）集中与高收入社区的分布重合，而较低收入的社区基本处于基础设施边缘化的状态。河西地区的基础设施建相对住宅本身建设有一定滞后，目前基础设施的建设并不完善，尤其是社区级别商业服务设施和基础教育设施。所以在抽样调研中发现对服务设施的满意度较高收入的社区明显高于较低收入社区。

三、问题讨论与规划建议

1.城市住房供应体系结构性矛盾问题

改革开放以来随着中国社会主义市场经济的逐步建立和国民经济的迅速发展，城市居民生活水平明显提高，但同时随着收入差距的扩大，城市居民的社会结构正在发生迅速的分化[10]。在短短的20年里，我国已经从一个经济平均主义盛行的国家，转变成为国际上中等不平等程度的国家，贫富差距在这样短的时间里迅速拉开[11]。随着住宅商品化的全面推行，城市居民的居住消费水平和居住分布也正在发生分化，在城市新建的居住区开始出现不同特质的各类居住社区，导致不同社会阶层开始城市空间上产生分化，新的城市居住空间结构形成。这种新的城市居住空间结构的核心是居民收入水平的金字塔结构，中低收入阶层的居住问题成为我国城市住房需要解决的首要问题。

上述的实证调研可以得出中低收入居民的住房需求很难依靠住房市场提供的普通商品房满足，高涨的房价远远超出他们的负担能力，对于住房市场供应量最多的普通商品房只能望尘莫及。实际上，目前城市住房供应体系存在的是一种结构性矛盾——从住房总量上来看，人均住宅面积持续上升，住宅面积总量也在不断增长，但是其中面向中低收入群体的廉租房和经济适用房的比例却逐年下降[12]。这种住房供需体系的结构性矛盾是我国城市住房问题的根源所在。从我国目前的经济发展结构来看，这部分中低收入群体将在一定时间内长期存在，因此如果不对住房市场的供应进行根本调整，这种供需体系的结构性矛盾也会将长期存在。

另一方面，这种结构性矛盾导致的问题不仅是无法满足低收入群体的住房需求，而且由于住房市场的过度商品化，居住区的居住分异现象逐渐明显，不同收入阶层所处的居住小区无论是从环境还是基础设施上都存在较大差距。这种居住分异现象导致小区邻里感下降，带来社会阶层的隔离，对社会带来消极影响。另一方面经过房价的过滤，那些支付能力较低的低收入群体和城市移民，由于无力改善自身的居住条件，最后只能选择在城市居住社会空间的底层，这种低收入群体的居住过度集中的生活区，容易成为社会问题聚生的地区，给城市的发展带来负面影响。而且一些社会公共资源如基础设施等也会明显向高档居住区倾斜，较低收入的社区容易被社会公共资源边缘化——居住分异的结果是导致社会公共资源无法实现公平化。

2. 快速城市化与流动人口住房问题

在前文中提到，中低收入群体的住房问题是首要问题，而目前城市典型低收入群体的构成主要有两部分：一部分是下岗失业职工，随着90年代后期市场经济体制改革的深化，原计划经济下形成的产业结构发生巨变，国有企业纷纷破产，许多职工下岗或待业。在社会保障制度并不健全的条件下，大量下岗工人再就业失败，经济水平低于最低生活保障线。另一部分是流动人口和农民工，受中国快速城镇化及农产品市场价格下降的冲击，大量农村人口向城镇迁移[13]。这些"城市移民"不仅缺乏城市住房保障，其收入水平也是城市最底层。前文的实证调查也再次验证这两类阶层是城市低收入群体的主要构成部分。

前一部分人群的住房绝大多数已经在通过上世纪的福利分房政策得到基本解决，而城市外来流动人口的住房问题才是低收入群体的住房问题的关键，而且这部分人群的数字在逐年以惊人的速度增加[14]。而这部分人群由于没有城市户口，所以未被纳入城市住房保障体系，无法享受与户籍制度捆绑的住房福利，他们选择的居住地点往往是租金低下的城市旧区或者城市边缘的"城中村"地带，其中一部分人甚至是居住在自发聚居的"非正式住房"。这类聚居区往往处于城市管理的盲点，普遍存在社区功能薄弱、公共设施匮乏、社会保障缺失等问题。

3. 城市住房政策的规划建议

勿庸置疑，我国城市住宅产业依然是城市重要的支柱产业之一。与此同时，政府需要对住房供应结构进行调整，进一步完善住房保障制度，正确运用政府调控和市场机制两个手段，使得调控与市场并行，既不是过分干涉也不是过分放纵。

近年来国家住房政策进行了几次重大调控，虽然在很大程度上体现了对低收入群体住房问题的关注，但笔者建议仍应当从以下两个方面来重点考虑：一、具体化面向各阶层的多层次的住房供应产品，除商品房、经济适用房、廉租房外，还包括开放的住房二级租售市场。建立科学的低收入及住房贫困的评价体系，保证经济适用房、廉租房的供应数量与低收入群体的住房需求匹配。通过发展住房二级市场和租赁市场，引导居民通过换购、租赁等方式合理改善居住条件，从而逐步解决低收入家庭的住房困难。二、将城市流动人口纳入到城市住房保障体系[15]，进行统一的城市住房建设规划。对于现存的流动人口聚居地不可一味推翻，应当进行适当改造并且加强管理，作为低收入人群选择居住的过渡地点。

在中国目前分化的社会居住空间结构现状下，只有从根本上解决中低收入群体的住房问题，住宅市场才能健康、有序地发展。

注释

1. 济南商埠地区的问卷调查时间为2006年11月，为期一个月；南京河西地区的问卷调查时间为2005年11月，为期一个月。

2. 城市新区的调研是选取了13个不同类型的典型小区，每个小区100份调查问卷。

3. 2005年济南城市家庭人均可支配年收入为12310元，由此计算出人均月收入为1025.8元。数据来源：济南2006年政府工作报告，济南市政府网站http://www.jinan.gov.cn。

4. 据2005年南京城市统计数据，南京城市家庭人均年收入为16474.31元，由此计算出人均月收入为1372.86元。数据来源：南京市统计局网站http://www.njtj.gov.cn。

5. 赋闲人员容易成为问卷调研的访问对象，所以填写

这一职业类别的几率较大。

6. 据前文数据，南京城市居民人均收入稍高于济南居民人均收入。

7. 这里的私房指的是49年以前历史建筑产权属于个人的住宅房屋。

8. 搜房网济南分站联合济南时报、都市女报、齐鲁周刊共同开启了"2007年春季购房大调查"活动，共5000多人投票。数据来源：济南房地产门户http://jn.soufun.com/。

9. 数据来源：济南市房产管理局门户网www.jnfg.gov.cn。

10. 从基尼系数来看，改革开放以前，中国城镇居民家庭人均收入的基尼系数为一直在0.1与0.2之间，1994年基尼系数为0.37，目前基尼系数已达到0.45。可见近年来，中国的贫富差距都有了大幅度的上升，这已经超过了国际上通常认为的基尼系数在0.3—0.4之间的中等贫富差距程度。从恩格尔系数来看，1978年中国城市居民的恩格尔系数为57.5%，1992年为52.9%，2002年为37.7。中国居民的恩格尔系数仍然偏高，说明中国的贫困阶层较大。现阶段中国城市居民家庭收入分层，约有60%的家庭居于下层和中下层水平上，中等收入层明显缺少，仍然是一种金字塔形结构。

11. 李强：《中国社会分层结构的新变化》p.22 《中国社会分层》[M]，北京，社会科学文献出版社，2004。

12. 1998年我国城市新开工住宅面积总量中，廉租房和经济适用房比例占22%左右，到2005年已经下降至6%。数据来源：2006中国统计年鉴。

13. 2000年"五普"资料显示，中国迁移人口达14439万，占全国总人口的11.6%，标志着我国移民时期的到来。

14. 目前我国城市化进入加速发展阶段。从上世纪90年代中期城市化率突破30%以后，平均每年提高1.3～1.5个百分点，2004年城市化率已达42%。预计到2010年我国城市化率将达48～50%，2020年将达55～60%，而据我国城市化进程的战略设想，预计2050年城市化率将达到75%。城市化必然带来农村人口向城市的大规模转移，在未来不到20年里，将有2亿多农民涌向城市，转化为城市人口，到2050年这个转变的数量会高达6～7亿之多。可见，在今后一个相当长的时期内，我国将会经历世界发展史上最大规模的农村人口向城市迁移的过程。

15. 根据建设部的部署，我国今年将着力完善住房公积金缴存和使用政策，依法扩大公积金制度覆盖范围，逐步扩大到包括在城市中有固定工作的农民工在内的城镇各类就业群体。资料来源：新华网上海2007年2月26日专电。

作者单位：张 昊，清华大学建筑学院
梁 庄，中国城市规划设计研究院

2007全国设计伦理教育论坛在杭州举办
2007 National Design Ethics Education Forum in Hangzhou

由中国《装饰》杂志社、浙江工商大学艺术设计学院共同主办的"2007全国设计伦理教育论坛",于2007年11月2日上午在浙江工商大学下沙校区学生活动中心隆重举行。与会代表包括来自全国的六十余所设计院校和单位的近百余位专家学者与设计师以及浙江工商大学艺术设计学院的八百余名师生。

本次论坛以"高等院校艺术设计类专业的设计伦理教育问题"为主题,围绕设计伦理的内涵、设计伦理与职业道德、不同文化背景下的设计伦理和设计伦理教育问题这四个议题展开讨论。论坛力邀当前中国设计界知名专家学者,从城市问题、消费问题、传播问题等当代设计的不同侧面,对当下设计的伦理以及与其相关的设计教育发展问题作深入的讨论。

论坛开幕式由浙江工商大学艺术设计学院院长张建春主持,浙江工商大学党委书记胡祖光致欢迎辞。随后,中国《装饰》杂志社常务副主编方晓风作了关于设计伦理的主旨发言,并主持论坛。几位来自全国各知名高校及研究机构的专家学者,作为本次论坛特邀嘉宾分别进行了主题发言:其中,中国艺术研究院研究员、《美术观察》主编吕品田的报告主题是"人际和谐:设计伦理追求的核心目标";清华大学美术学院副院长包林就"设计伦理与设计批评"问题展开论述;清华大学人文学院哲学系教授肖鹰以"美学与伦理学的冲突"为主题进行了演讲;清华大学美术学院教授杭间发言的主题则是"设计与'人类动物园'"。

11月2日下午的论坛由两个重要部分组成,一部分为杭间、靳埭强、方晓风等专家学者的专题讲座;另一部分则是与会专家学者分成三组,围绕"设计伦理与教育"、"设计伦理与美学"、"设计伦理与文化"三个主题进行深入的研讨。

最后,本次论坛于11月3日通过了《杭州宣言——关于设计伦理反思的倡议》。宣言呼吁以未来的名义为设计反思,以设计的名义承担起伦理反思和价值重建的责任。宣言的通过,使这次设计界在西子湖畔的聚首为设计在未来的发展翻开了新的一页。

本次论坛所讨论的设计伦理之问题,其影响之广、意义之深,都已远远超越了单纯的高等院校艺术设计类专业自身的教育范畴。本次论坛及签署的《杭州宣言》,必将会对全国设计界产生重大影响,对于今后的中国设计事业的发展亦具有划时代的重要意义。

《装饰》编辑部 2007.11.7

杭州宣言
——关于设计伦理反思的倡议
Hangzhou Declaration
A statement on design ethics

今天,我们聚首西湖,以未来的名义,为设计反思。

进入21世纪的中国经济,正在以其巨大的建设力与可能的破坏力引起全球的关注与震惊。以十亿人口计数的中国人群所发生的任何微小变化,都会以前所未有的广度与深度影响人类的未来,这种影响的双重性及全球性从今天的设计现状中已经可见端倪。

今天的城市,早已不是比水草而居的自然延伸,相反成为缺乏控制与反省的人群社会恶性膨胀的真实写照。

今天的产品,日益抛弃"物尽其材"、"备物致用"的睿智,日益满足于成为炫耀权势与奢华欲望的符号!

今天的消费,在灯红酒绿之中抛却了"有之以为利,无之以为用"的思辨理性,沉溺于物质狂欢的盛宴!

每个有良知的中国设计师都会感到一种空前的痛苦与矛盾,因为为权力和资本所控制和操纵的设计正在中国的舞台上上演着曾经发生在西方社会的令人憎恶的一切,乃至于"中国设计"沦为模仿、抄袭的代名词而屡屡蒙羞。

有鉴于兹,我们在此呼吁天下同道:

以设计的名义,共同承担起伦理反思和价值重建的责任——

我们要坚决对不符合道义与正直的价值观的设计委托、设计结果说"不";

我们明确地申明:一切虚假、欺诈、傲慢、阿谀和平庸的设计,都是我们所唾弃的;

我们必须共同维护设计之真与善的价值;

我们应当努力消弥设计师与设计委托者中存在着的对于伦理道义的无知、漠视和抵触;

我们应当透彻研究设计伦理维护设计师权益的法则与方法;

我们认为,设计伦理应当成为教育和培养未来设计人才的普世思想,从我们开始,每一代中国设计师都应当是阳光、智慧、绿色的"中国形象"的构建者、传播者。

"后之视今,亦犹今之视昔。"

我们或许不能毕其功于一役,但我们确信,这一页将开启未来。

更正:总第27期《住区》,"城市更新中的低收入群体住房保障问题探讨"一文的作者应为焦怡雪,中国城市规划设计研究院高级规划师

拓展市场绝佳平台
北方建材大展

6万平米展会规模，10万人次预计观众
Show Area: 60,000 sqm. Attendees: 100,000 (projected)
Http://WWW.BUILD-DECOR.COM

国展建博会 2008

BUILD+DECOR 15th

China International Building
Decorations & Building
Materials Exposition

第十五届中国(北京)国际建筑装饰及材料博览会
China International Building Decorations & Building Materials Exposition

2008年2月29日—3月3日　北京·中国国际展览中心1-10号馆

中国(北京)国际建筑陶瓷及厨房、卫浴设施展览会
Ceramics, Tiles, Kitchen & Bath China

- **主办单位/////**
  中国国际贸易促进委员会
  中国国际展览中心集团公司
  中国建筑装饰协会

- **承办单位/////**
  北京中装华港建筑科技展览有限公司
  北京中装建筑展览有限公司
  中展集团北京华港展览有限公司

主题展区/Thematic Show
- 厨卫及建筑陶瓷展区
- 暖通供热展区
- 铺地材料展区
- 遮阳窗饰展区
- 门业展区
- 建筑五金展区
- 墙纸、布艺展区
- 涂料油漆展区
- 综合建材展区

- 筹展联络：北京中装华港建筑科技展览有限公司
- 电话：010-84600901　84600903　传真：010-84600910　84600920
- Http:www.build-decor.com　Email:zhanlan@ccdinfo.com

www.build-decor.com
www.ctkb.com.cn
www.havc-expo.com
www.covering-floor.com